动物组织学 与 动物病理学 图谱

邓桦 陈芳 主编

马春全 卢玉葵 副主编

华南理工大学出版社

SOUTH CHINA UNIVERSITY OF TECHNOLOGY PRESS

·广州·

图书在版编目（CIP）数据

动物组织学与动物病理学图谱/邓桦，陈芳主编. —广州：华南理工大学出版社，2020.8

ISBN 978 - 7 - 5623 - 6389 - 7

Ⅰ.①图…　Ⅱ.①邓…②陈…　Ⅲ.①动物组织学 - 图谱 ②兽医学 - 病理学 - 图谱　Ⅳ.①Q954.6 - 64 ②S852.3 - 64

中国版本图书馆 CIP 数据核字（2020）第 103379 号

动物组织学与动物病理学图谱

邓　桦　陈　芳　主编

出 版 人：卢家明

出版发行：华南理工大学出版社

（广州五山华南理工大学 17 号楼，邮编 510640）

http：//www. scutpress. com. cn　E-mail：scutc13@ scut. edu. cn

营销部电话：020 - 87113487　87111048（传真）

责任编辑：毛润政

印 刷 者：广州永祥印务有限公司

开　　本：787mm×960mm　1/16　印张：13.75　字数：352 千

版　　次：2020 年 8 月第 1 版　2020 年 8 月第 1 次印刷

定　　价：60.00 元

前　言

　　本书为动物组织学与动物病理学图谱，包括动物组织学图谱和动物病理学图谱两大部分。

　　上篇为动物组织学图谱。动物组织学是研究正常动物有机体微细结构及功能关系的科学。上篇内容包括绪论、基本组织学和器官组织学三大部分，内容涵盖家畜、小鼠和家禽等动物的正常组织图谱。学习本图谱必须充分发挥空间想象力，把平面与立体、局部与整体、静态与动态、结构和功能、理论和实践有机地结合起来，使图谱内容对理论知识起到重温、巩固和升华的作用。

　　下篇为动物病理学图谱。动物病理学是研究动物在发生疾病时各组织器官的病理形态变化及其发生原因、发病机理和转归的学科。其主要任务是运用动物病理学的基本理论和技术，发现患病动物组织器官的病变，明确其发生原因及其发展规律，做出正确的病理学诊断，为动物疾病的防治提供科学的理论依据。

　　动物组织学图谱部分有 13 章和 2 个附录，包括显微镜的使用、细胞结构、四大基本组织、系统器官组织学等内容；动物病理学图谱部分共有 16 章，涵盖动物病理学总论、各论和病理剖检等内容，适用于动物医学相关专业的实验教学，同时可作为兽医从业人员学习动物疾病病理的参考用书。

　　与同类图书相比，本书具有以下优点和特色：

　　（1）本书为动物组织学与动物病理学图谱。全书共计四百余幅图谱，其中动物组织学部分有一百二十多幅，大体病变和组织学病变彩图共计三百余幅。正常组织、大体标本和病变图谱均结构典型，图像清晰，色彩逼真。大体病理变化全部选用未经甲醛浸泡的新鲜组织器官拍摄，弥补了以往大体病理标本因固定液浸泡而变色和变形等不足。

　　（2）本书首先详细讲解了正常组织器官的结构，然后阐述病理大体病变和组织学病变，内容由正常结构到异常病变，符合对比认知规律，更加方便读者学习和比较。

　　（3）动物组织学部分的绝大部分图谱来自编者精心制作的组织切片。组织器官结构的文字描述从大体至细节，符合人们对事物的认知规律，图谱的选择亦侧重突出重点结构特点。附录中石蜡切片的制作和血涂片的制备，将理论知识和实践知识充分联系起来，帮助读者提高读片的能力。在将家畜的组织器官结构作为主要内容的基础上，本书对家禽的重要器官组织结构亦进行了补充，以满足不同读者的需求。

　　（4）动物病理学的图谱内容紧密结合兽医临床，因此亦可作为动物疾病病理的参考图谱。本书的大体病变图片和组织学病变图片均切合近年来兽医临床的多发病和常见病，包括非洲猪瘟、猪蓝耳病、猪圆环病毒病、猪巴氏杆菌病、猪瘟、猪喘气病、猪伪狂犬

病、猪链球菌病、副猪嗜血杆菌病、猪附红细胞体病、猪流行性乙型脑炎、猪副伤寒、猪丹毒、禽流感、禽霍乱、鸭瘟、小鹅瘟、鸡马立克氏病、禽白血病、番鸭呼肠孤病毒病、雏鸭病毒性肝炎、鸭黄病毒病等，在展示组织器官病变的同时，侧重疾病病理诊断。

（5）本书紧密结合正常组织器官结构特点、大体病变特征和疾病相关背景进行切片标本观察，阐述组织学结构特点、组织学病理变化与大体病变、临床症状之间的内在联系；注重对理论知识的印证和巩固，由浅入深，结合临床，培养学生的综合分析能力。

本书图片除另行注明外均为编者摄制。感谢王丙云、周庆国、杨鸿、王政富、张济培、白挨泉、刘富来、池仕红等老师的大力帮助。本书的编写参考了医学院校和动物医学专业院校的部分教材和课件（见书后参考资料），在此一并致以衷心的感谢。

由于作者水平有限，书中难免有不足之处，敬请各位同行和读者批评指正。

佛山科学技术学院

邓桦　陈芳

2020 年 3 月

目录

上篇　动物组织学图谱

目录

下篇　动物病理学图谱

目录

上 篇

动 物 组 织 学 图 谱

第一章

动物组织学绪论

一、课程的目的与意义

"动物组织学与胚胎学"是畜牧兽医专业的一门必修专业基础课。动物组织学是在学习了生物学和解剖学等基础课程后，借助显微镜技术研究动物细胞、组织和器官微细结构及功能的科学。动物组织学图谱的目的在于把所学的基本理论知识与实验互相印证，帮助学生加深和巩固对理论知识的理解，培养学生正确的科学态度和基本实验操作技能，使学生学会独立使用光学显微镜观察切片和分析切片，正确认识动物各种组织器官的微细结构，提高独立思考和分析问题的综合能力，为兽医专业病理课及其他课程的学习打下形态学基础。

二、学习内容

动物组织学图谱的主要内容包括：绪论、四大基本组织和器官组织学三大部分，内容涵盖家畜、小鼠和家禽等动物的正常组织图谱。学习本课程必须充分发挥空间想象力，把平面与立体、局部与整体、静态与动态、结构和功能、理论和实践有机地结合起来，使实验教学对理论教学起到重温、巩固和升华的作用。

三、正常组织学切片观察时的注意事项

显微镜下所观察到的结构应结合组织器官的功能状态，因此读片时要注意以下几个方面：

（1）活有机体机能状态不同，形态亦可不同。

如腺细胞充满分泌物和分泌物完全排出后的形态不同，可以由柱状变为扁平或立方状。

（2）注意立体和平面、全面与局部的关系。

我们观察的标本是组织、器官局部的一个断面，读片时应把不同断面内容有机地联系起来，建立整体观念。

（3）在制作切片的过程中要注意以下几种现象：

①组织的收缩现象：制作切片过程中，用甲醛等化学试剂处理组织，可引起组织的收缩，所以显微镜下常看到一部分组织与另一部分组织分离，或看到细胞与周围组织有较大的空隙。

②组织细胞死后的变化：若动物死亡时间较长或取材时刀钝，可使组织受损，组织细胞出现溶解现象，镜下看到的细胞结构会显得模糊不清、核固缩等。

③组织皱褶现象：石蜡切片很薄，在展片时易皱褶，经染色后，皱褶处被染成深而厚的一条浓带。

④若玻片上固定液、染色液未洗净，则组织上有染色液的沉淀或玻片上有脏物。

⑤刀痕：切片时刀有缺口，使组织出现直线样皱褶空白条带。

四、显微镜的使用

（一）江南 NLCD500 型生物显微镜的构造

江南 NLCD500 生物显微镜的构造包括机械部分、光学部分和平板电脑。

1. 机械部分

（1）镜座：长方形，有稳固和支持镜体的作用，平板电脑安装在镜座上。

（2）镜臂：是镜座与镜筒的连接部分，呈弓状，便于手握。

（3）载物台（镜台）：方形，上有标本推进器。载物台中央有一通光孔。

（4）标本推进器：安放在载物台上，除固定切片外，还通过转轴连接两个调节螺旋，这两个调节螺旋可前、后、左、右移动切片。在推进器的纵、横坐标上标有刻度，以便确定某一结构的方位。

（5）物镜转换器：呈圆盘状，上有 4 个物镜螺旋口，物镜按放大倍数从高至低顺序嵌入。

（6）调节螺旋：分粗调节和细调节两个螺旋。粗调节螺旋用于低倍镜调焦，细调节螺旋用于高倍镜调焦。

（7）眼间距调整：不同的人两眼间距离不同，使用显微镜时应根据自己的情况加以调节，使两目镜与两眼间距离一致。

2. 光学部分

（1）物镜。

物镜用作第一次放大标本，安装在物镜转换器上，通常有 3 ～ 4 个接物镜，分别是 $4\times$、$10\times$、$40\times$ 和 $100\times$，在每个接物镜的镜管上分别标有醒目的红色、黄色、蓝色和白色线圈。$4\times$ 和 $10\times$ 物镜称为低倍镜，$40\times$ 以上物镜称为高倍镜，$100\times$ 是油浸镜，每个接物镜的镜管上通常标有主要性能参数，如 40/0.65，160/0.17，40 表示放大倍数，0.65 表示镜口率（数值孔径，N_A），160 表示机械管长（mm），0.17 表示允许盖玻片厚度（mm）。N_A 值越大，透镜分辨率越高。

（2）目镜。

目镜有 $5\times$、$10\times$、$15\times$ 和 $20\times$ 等几种。目镜的作用是将物镜放大的实像再放大成虚像。观察者可根据工作需要和标本的实际情况，恰当选择不同放大倍数的目镜。目镜内常安置一个指针，便于指示视野中的某一结构。目镜可旋转，底部有相应的刻度，以供两眼度数不同的人调节。

（3）聚光器。

聚光器位于载物台的下方，能把光线汇聚成光柱（束），以增强照明度。聚光器的一侧有横出的调节螺旋，可以升降，可按需要调节亮度。

（4）光阑。

光阑在聚光器下方，由许多金属叶片组成。由一光圈调节杆调节光圈的大小，能控制聚光镜的 N_A 值，配合物镜要求使用。

（5）亮度调节钮。

亮度调节钮用于调整照明亮度。注意：每次用完显微镜后应将亮度调节钮置于最暗的位置，然后关闭电源。

（6）滤光片。

在光阑下方有一金属圈叫滤光片，可安放滤光片，能改变光源的色调和强弱，便于观察和摄影。常用滤光片有三种：毛玻片——减弱光强度，使光漫射而变得柔和；蓝玻片——白炽灯光照明时，蓝玻片将黄色灯光校正成白光；绿玻片——适用于黑白照片，显微摄影用。

（7）光源。

江南 NLCD500 生物镜采用 LED 光源。

3. 平板电脑

平板电脑的右侧是电脑的开关，开机后平板电脑桌面上的图标"数码显微镜无线互动教室"为师生互动平台，图标"Scopel mage 9.0"为图像分析系统。

（二）显微镜的使用

（1）显微镜的提取和放置。

显微镜是精密的光学仪器，拿取时一定要按操作规程进行，即一手握住镜臂，另一手托住镜座；严禁单手握住镜臂走动。显微镜使用前要平放于使用者前方偏左的位置上。用擦镜纸轻轻擦拭目镜和物镜。若有脏物，则用擦镜纸蘸少许二甲苯擦拭干净，并用纱布擦拭显微镜的机械部分。

（2）接通电源。

打开电源开关，调整光强度，旋转物镜转换器，先把低倍接物镜对准载物台中央的通光孔，根据观察需要选用不同放大倍率的接物镜，灵活应用亮度调节钮、聚光器和光阑，调节至视野亮度均匀、光强适宜。

（3）观察切片。

观察切片前，先用肉眼分辨切片的正反面，盖玻片朝上为正面，并大致观察标本的外形、大小和着色。将切片放置于载物台上，置于持片夹内固定，推进器将组织块对准载物台中央的通光孔，在镜臂的两侧有调节螺旋，可调节载物台的升降。

按照低倍镜、高倍镜顺序观察切片。低倍镜观察的范围大，便于观察组织器官的整体结构；高倍镜观察的范围小，放大的倍数高，适用于分辨组织器官局部的微细结构。两者互相配合，可全面了解器官结构。观察标本时，首先在低倍镜下对焦至观察物像最清晰时为止，观察完切片的一般结构后，需要进一步观察某一部分结构时，应将此部分结构移至视野中央，转用高倍镜观察，如果图像不清晰，只需前后稍调节细调节螺旋，即可看到清晰的物像。必须强调，接物镜放大倍数愈低，其工作距离（即接物镜前镜片与盖玻片上平面之间的距离）愈长；接物镜放大倍数愈高，其工作距离愈短。所以使用高倍物镜时，应避免用粗调节器。若必须使用时，用眼从侧方观看载物台上升，当盖玻片至物镜之间的距离约为 0.7mm 时，用眼观察视野，慢慢转动细调节器，直至物像清晰。运用粗调节器时应小心，否则会压碎切片，损坏物镜镜头。观察切片时姿势要端正，要做好绘图或记录。

（4）收藏。

观察完毕后，移开物镜，取下切片，放入切片盒，降下载物台。注意：每次用完显微镜后应将亮度调节钮置于最暗的位置，然后关闭电源，套上塑料套。

五、初级卵母细胞观察

肉眼观察卵巢纵切面呈椭圆形，着紫红色。低倍镜找到卵巢的边缘部分，可见其中有许多小而圆、单个或成群存在的原始卵泡。选择一个典型而清晰的原始卵泡，转用高倍镜观察，高倍镜下可见原始卵泡由位于中央的卵母细胞和其外围呈扁平状的一层卵泡细胞组成。卵母细胞较大，呈圆形，中央有一个大而圆、嗜碱性的细胞核，核仁大而明显、染色质呈小块状。细胞质包绕在核的周围，弱嗜酸性，呈细颗粒状或均质淡红色（图 1 - 1 - 1、图 1 - 1 - 2）。切片上有些初级卵母细胞未见细胞核，原因是切面没有经过细胞核。但这并不代表卵母细胞内无细胞核，因此，观察切片时要有立体概念。核内各种结构可能不在同一焦平面上，观察时上下转动细调节螺旋方可获得清晰的图像。

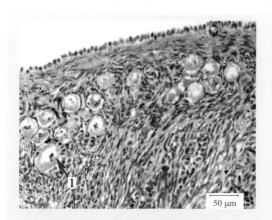

图 1 - 1 - 1　原始卵泡中初级卵母细胞

1—初级卵泡中初级卵母细胞

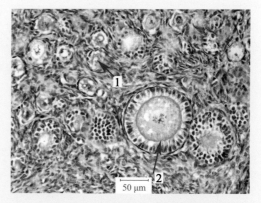

图 1 - 1 - 2　初级卵泡中初级卵母细胞

1—原始卵泡中初级卵母细胞；2—初级卵泡中初级卵母细胞

六、思考题

1. 10 × 和 40 × 物镜的工作距离分别是多少？

2. HE 染色中，卵母细胞的哪些部分嗜碱性，哪些部分嗜酸性？为什么？

第二章

上皮组织

上皮组织简称上皮，由紧密排列的细胞和少量的细胞间质构成。它具有保护、吸收、分泌和排泄等功能。根据上皮组织的结构、功能及分布不同，将其分为五大类：被覆上皮、腺上皮、感觉上皮、生殖上皮和肌上皮。

一、被覆上皮

被覆上皮按细胞层数和细胞形状分类，可以分为单层上皮和复层上皮，单层上皮包括单层扁平上皮、单层立方上皮、单层柱状上皮和假复层纤毛柱状上皮；复层上皮包括变移上皮、复层扁平上皮和复层柱状上皮。

（一）单层上皮

1. 单层扁平上皮

单层扁平上皮由一层扁平的多边形细胞组成。从表面看，细胞呈不规则的多边形，边缘呈锯齿状，彼此间相互嵌合；核呈椭圆形并外突，位于细胞中央，胞质少，细胞器不发达，侧面观细胞呈梭形。内皮薄而光滑，有利于心血管和淋巴管内液体流动和物质交换，间皮表面光滑湿润，坚韧耐磨，有保护作用。

内皮：衬于心、血管及淋巴管腔面的单层扁平上皮（图1-2-1）。

间皮：胸膜、腹膜、心包膜及器官表面的单层扁平上皮（图1-2-2）。

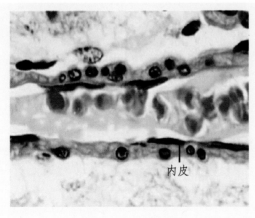
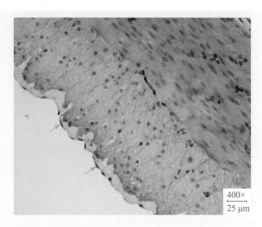

图1-2-1 血管内皮　　　　　　　　图1-2-2 间皮

2. 单层立方上皮

单层立方上皮由一层立方形细胞组成，表面呈多边形，侧面呈立方形，细胞核呈圆形，位于细胞中央。

分布：肾小管（图1-2-3）、外分泌腺的小导管、甲状腺滤泡（图1-2-4）。

3. 单层柱状上皮

单层柱状上皮由一层棱柱形细胞组成（图1-2-5）。在肠管的柱状细胞间，有许多散在的杯状细胞（图1-2-6），其形态似高脚酒杯，胞质内充满黏原颗粒，胞核呈三角形，位于细胞基部。杯状细胞是单细胞腺，能分泌黏液，具有润滑和保护作用。

功能：具有吸收和分泌作用。

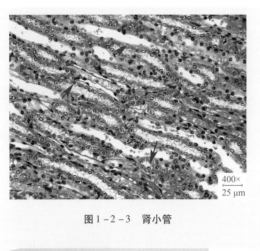

图1-2-3　肾小管

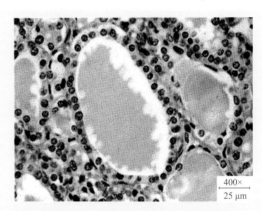

图1-2-4　甲状腺滤泡

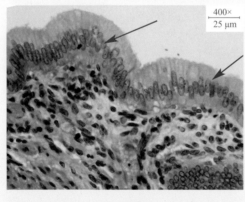

图1-2-5　单层柱状上皮

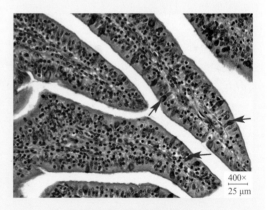

图1-2-6　杯状细胞

4. 假复层纤毛柱状上皮

假复层纤毛柱状上皮由形态不同、高低不等的纤毛柱状细胞、杯状细胞、梭形细胞和锥体形细胞组成，侧面观似复层，但细胞的基底端均附于同一基膜上，实为单层上皮，故称假复层（图1-2-7）。

分布：各级呼吸道黏膜。

功能：保护、分泌和排出分泌物等。

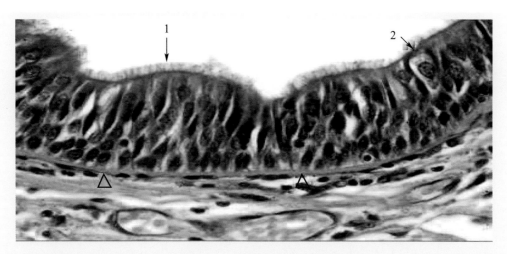

图 1-2-7　假复层纤毛柱状上皮

1—纤毛；2—杯状细胞

（二）复层上皮

1. 变移上皮

变移上皮的细胞形态和层数可随所在器官的功能状态而改变。器官扩张时，细胞矮胖，有 2～3 层（图 1-2-8、图 1-2-9）；收缩时，细胞瘦，有 5～6 层（图 1-2-10）。变移上皮的表层细胞较大，胞质丰富，具有嗜酸性，叫盖细胞。游离面的细胞有防止尿液侵蚀和渗入的作用，叫壳层。中间层细胞呈倒梨形或梭形，基底细胞呈立方形或矮柱形。变移上皮有收缩、扩张功能。

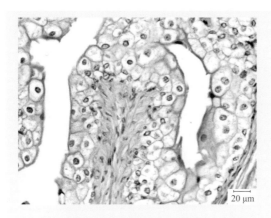

图 1-2-8　变移上皮（扩张）

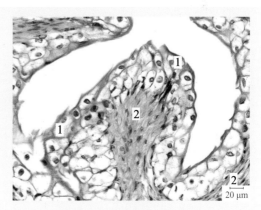

图 1-2-9　变移上皮（扩张）

1—盖细胞；2—结缔组织

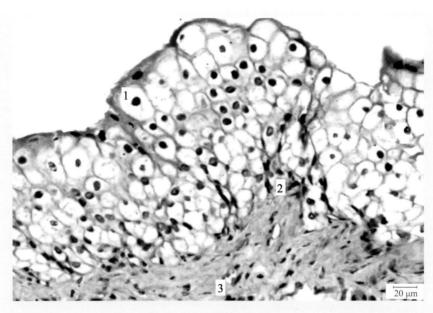

图 1-2-10　变移上皮（收缩）

1—盖细胞；2—结缔组织；3—平滑肌层

2. 复层扁平上皮

复层扁平上皮又叫复层鳞状上皮，由多层细胞组成。紧靠基膜的一层为低柱状，中间数层为多边形，近浅层移行为扁平形。分布于皮肤表皮的复层扁平上皮表层细胞含角质蛋白，形成角质层，称角化复层扁平上皮（图 1-2-11），其具有很强的保护和抗磨损作用。衬在口腔、食管、肛门、阴道和反刍兽前胃内的上皮含角质蛋白较少，不形成角质层，叫非角化的复层扁平上皮（图 1-2-12）。

功能：耐摩擦，具有很强的保护作用，并可防止外物侵入。

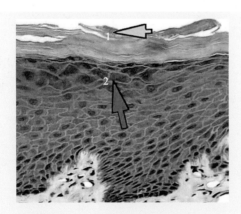

图 1-2-11　角化复层扁平上皮

1—角质层；2—扁平上皮

图 1-2-12　非角化复层扁平上皮

3．复层柱状上皮

上皮的表层为一层柱状细胞，中间几层为多角形细胞，基底层细胞呈矮柱状。

分布：动物眼睑结膜和一些腺体的大导管。

二、腺上皮

在颌下腺中，可以见到由浆液性细胞和黏液性细胞组成的不同形态的腺泡。

（1）浆液性腺泡：呈圆形或椭圆形，由数个锥形的浆液性细胞围成，腺细胞基部胞质嗜碱性，细胞顶部含大量嗜酸性分泌颗粒而呈红色，核圆，位于细胞基部。

（2）黏液性腺泡：由锥形的黏液性细胞组成，胞质内含大量的黏原颗粒，着色很淡，呈淡蓝色，核被挤向基底部，呈扁平月牙形。

（3）混合性腺泡：在黏液性腺泡的一侧有几个浆液性的细胞附着，呈半月状排列，色红，称为混合性腺泡，又称浆半月（图1–2–13）。

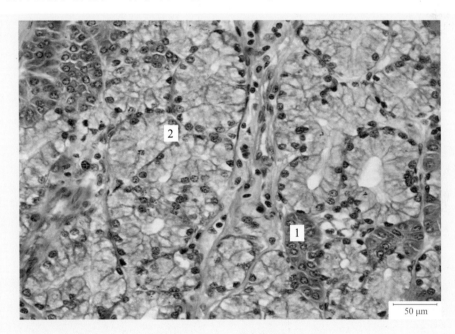

50 μm

图1–2–13　混合性腺泡

1—浆液性腺泡；2—黏液性腺泡

三、思考题

1. 被覆上皮的结构特点及分布是什么？
2. 复层扁平上皮和变移上皮在形态结构和功能上有什么不同？

第三章

结缔组织

结缔组织（connective tissue）是体内分布最为广泛的一类组织，由细胞和大量的细胞间质构成。结缔组织根据形态结构不同分为固有结缔组织、骨组织、软骨组织、血液和淋巴。固有结缔组织包括疏松结缔组织、致密结缔组织、网状组织和脂肪组织。疏松结缔组织细胞种类较多，主要有成纤维细胞、纤维细胞、巨噬细胞、肥大细胞、浆细胞、脂肪细胞、间充质细胞和白细胞。细胞间质主要包括基质、胶原纤维、弹性纤维和网状纤维。各种结缔组织均是由间充质细胞分化而来的，它具有连接、支持、营养、保护、防御、修复等功能。

一、疏松结缔组织铺片

肉眼可见在铺片上疏松结缔组织被染成蓝紫色，形态不规则且厚薄不均匀。

低倍镜下可见纵横交错呈淡红色的胶原纤维和深紫色单根的弹性纤维，纤维间有许多散在的细胞（图1-3-1）。选择薄而清晰的部位换高倍镜观察，可以辨认以下几种纤维和两种细胞成分：

（1）胶原纤维：染成淡红色，数量多，为长短、粗细均不等的纤维束，呈波浪状且有分支，相互交织成网。

（2）弹性纤维：数量少，呈深紫色的发丝状，长且直，断端有卷曲。

（3）成纤维细胞：数量最多，胞体大，具有多个突起的星形或多角形的细胞。由于胞质染色极浅而细胞轮廓不清，只能根据细胞核较大且呈椭圆形，有1～2个明显的核仁等特点来判断。这些细胞多沿胶原纤维分布。另外还可见到一些呈椭圆形、较小且深染，核仁不明显的细胞核，此为功能不活跃的纤维细胞的细胞核。

（4）巨噬细胞，又称组织细胞，一般呈梭形或星形，最大的特征是胞质内有许多被吞噬的颗粒。细胞核较小且呈椭圆形，染色较深，见不到核仁，可借助于胞质中吞噬颗粒的存在来判断它的形状和大小（图1-3-2）。

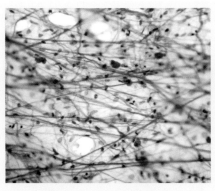

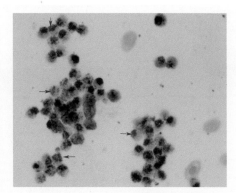

图 1 - 3 - 1　疏松结缔组织　　　　　　　图 1 - 3 - 2　吞噬蛋白胨的巨噬细胞

二、脂肪组织

高倍镜下的脂肪组织呈蜂窝状，由大量脂肪细胞及少量结缔组织和毛细血管构成。脂肪细胞较大，胞质内充满脂滴，胞核被挤到边缘，染色深，呈扁平状，制片时由于脂滴被溶去，故脂肪细胞呈空泡状（图 1 - 3 - 3）。

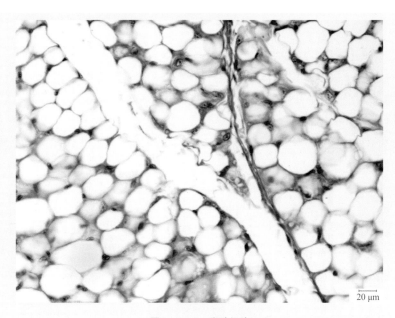

20 μm

图 1 - 3 - 3　脂肪细胞

三、思考题

1. 比较上皮组织和结缔组织的结构异同点。
2. 疏松结缔组织中有哪几种细胞和纤维?

第四章

血　液

血液是流动在心血管内的红色黏稠状液体。血液由血浆和血细胞组成。
血细胞的组成如图1-4-1所示。

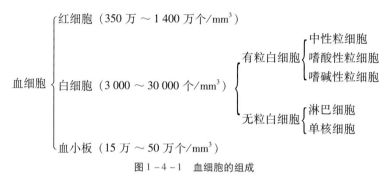

图1-4-1　血细胞的组成

观察血细胞常用瑞氏（Wright）和姬姆萨（Giemsa）染色方法。瑞氏染液中对亚甲蓝
有亲和性的称嗜碱性细胞，呈蓝色；对伊红有亲和性的称嗜酸性细胞，呈鲜红色；对酸性
和碱性染料都没有亲和性的称中性粒细胞，呈极浅的淡红色或淡紫色。

一、哺乳动物血细胞

（一）红细胞

红细胞的数量最多，体积小而分布均匀。大多数哺乳动物成熟的红细胞呈粉红色的圆
盘状，边缘厚且着色较深，中央薄且着色较浅，无核、无细胞器，胞质内充满血红蛋白。
骆驼和鹿的红细胞为椭圆形，无核、无细胞器；禽类、鱼类和爬行类的红细胞有核和细胞
器。禽类的红细胞呈椭圆形，鱼类、爬行类的红细胞为近似圆球形。

（二）白细胞

白细胞一般比红细胞大，种类较多，数量较红细胞少，具有防御和免疫功能。显微镜
下，根据胞质内有无特殊颗粒，分有粒白细胞和无粒白细胞两类。

1. 有粒白细胞

共同特征：分化程度高，无分化成其他细胞的能力；胞质嗜酸性，内含有特殊颗粒；
胞核形状不规则，多呈分叶状。

（1）中性粒细胞：白细胞中数量较多的一种，约占50％，直径7～15μm，胞体呈球形，胞质呈淡粉红色，内有细小特殊颗粒，分布均匀，着淡红色或浅紫色；胞核着深紫红色，形态多样，有杆状（幼稚型，似S形或U形等多种形态）或分叶状，一般分3～5叶，叶间以染色质丝相连（图1-4-2）。

（2）嗜酸性粒细胞：占3％～5％，直径8～20μm，呈球形，比中性粒细胞略大，数量少。胞质内充满粗大均匀的嗜酸性颗粒，染成橘红色（马的嗜酸性颗粒粗大，晶莹透亮，呈圆形或椭圆形）；胞核常分两叶，着紫蓝色（图1-4-3、图1-4-4）。

（3）嗜碱性粒细胞：数量最少，少于1％，呈球形，直径10～15μm，胞质中含有大小不等、形状不一的嗜碱性特殊颗粒，颗粒着蓝紫色，常盖于胞核上；核分双叶状或呈S形，着浅紫红色（图1-4-5）。

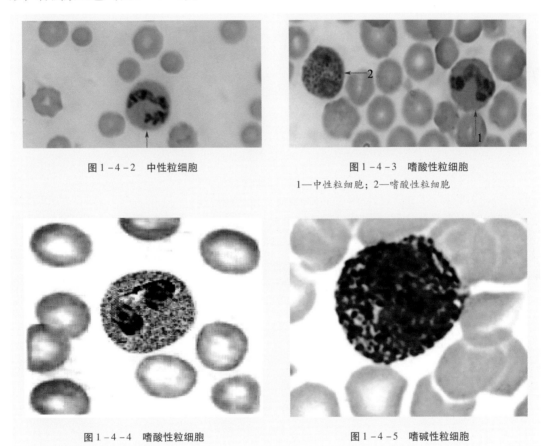

图1-4-2　中性粒细胞

图1-4-3　嗜酸性粒细胞

1—中性粒细胞；2—嗜酸性粒细胞

图1-4-4　嗜酸性粒细胞

图1-4-5　嗜碱性粒细胞

2. 无粒白细胞

共同特征：分化程度低，可分化成其他细胞；核不分叶；胞质呈嗜碱性，内无特殊颗粒。

（1）单核细胞：数量较少，占1％～3％，体积最大，直径10～20μm，胞体呈球形，细胞核呈椭圆形、肾形、马蹄形或不规则形，常偏位，核内染色质稀疏，色淡；胞质较多，呈弱嗜碱性，呈灰蓝色，偶见细小紫红色的嗜天青颗粒（图1-4-6）。

（2）淋巴细胞：数量较多，占30% ～ 50%，有大、中、小三种类型，其中小淋巴细胞最多，血膜上很容易见到，体积与红细胞相近或略大，呈球形，胞质很少，在核周围成一窄带，嗜碱性，染成天蓝色，核呈圆形或椭圆形，一侧常有一个凹陷，核内染色质致密呈块状，深蓝紫色。大淋巴细胞在正常血液中不常见到，体积与单核细胞相近或略小，胞质更多，呈天蓝色，围绕核周围的胞质呈一淡染区，胞核圆形，着深紫蓝色（图1－4－7）。

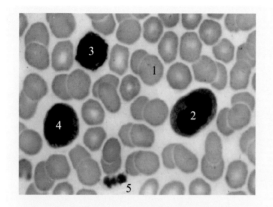

图1－4－6　单核细胞
1—红细胞；2—单核细胞；3，4—淋巴细胞；5—
血小板

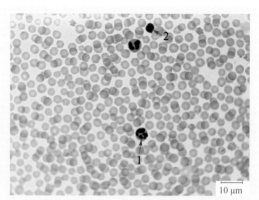

图1－4－7　淋巴细胞
1—中性粒细胞；2—淋巴细胞

（三）血小板

哺乳动物血小板亦称血栓细胞，呈双凸圆盘状，直径2 ～ 4μm，内无细胞核，有细胞器；其中央有蓝紫色颗粒分布，称颗粒区；周边呈均质弱嗜碱性，浅蓝色，称透明区。禽类血小板呈椭圆形，内有核。

二、家禽血细胞

家禽血细胞（图1-4-8）与家畜血细胞（图1-4-9）相比有以下不同：

（1）家禽红细胞呈椭圆形，胞质呈均质的淡红色，中央有深染的椭圆形细胞核。

（2）家禽中性粒细胞，又称异嗜性粒细胞，呈圆形，胞质内有嗜酸性的呈杆状或短棒状的特殊颗粒，胞核分叶，一般为2 ～ 5叶核。

（3）家禽凝血细胞，又称血栓细胞，相当于家畜的血小板。凝血细胞的形态和结构比红细胞小，两端钝圆，胞质微嗜碱性，内有少量紫红色的嗜天青颗粒；核呈椭圆形，染色质致密。

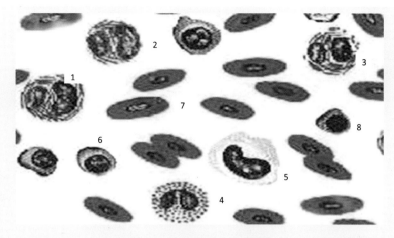

图 1 - 4 - 8　家禽血细胞模式图

1 ～ 3—异嗜性粒细胞；4—嗜酸性粒细胞；5—单核细胞；6—淋巴细胞；7—红细胞；
8—血小板

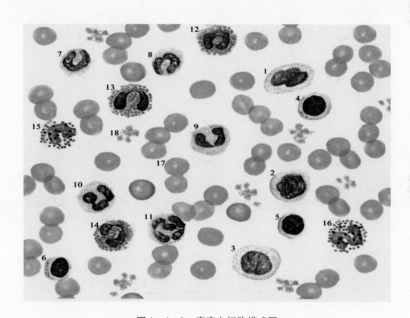

图 1 - 4 - 9　家畜血细胞模式图

1 ～ 3—单核细胞；4 ～ 6—淋巴细胞；7 ～ 11—中性粒细胞；12 ～ 14—嗜酸性粒细胞；
15，16—嗜碱性粒细胞；17—红细胞；18—血小板

三、思考题

比较哺乳动物和禽类血细胞的形态结构异同点。

第五章

肌组织

肌组织主要由肌细胞组成，肌细胞之间无特有的细胞间质，但有少量结缔组织及血管和神经分布。肌细胞可以进行舒张和收缩活动。

肌细胞亦称肌纤维，呈细长纤维状。肌纤维的细胞膜称肌膜，细胞质称肌浆（质），肌浆内的滑面内质网称肌浆（质）网。

肌组织分类如图1-5-1所示。

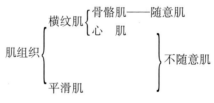

$$
肌组织 \begin{cases} 横纹肌 \begin{cases} 骨骼肌——随意肌 \\ 心\ 肌 \end{cases} \\ \qquad\qquad\qquad\qquad 不随意肌 \\ 平滑肌 \end{cases}
$$

图1-5-1　肌组织的分类

一、骨骼肌

骨骼肌纤维呈长圆柱形，肌细胞长1～40mm，直径10～100μm。细胞核呈椭圆形，异染色质较少，核仁明显，核可多达数百个，位于肌纤维周边，紧贴肌膜内面。肌浆内含有许多与细胞长轴平行排列的肌丝束，称肌原纤维。每束肌原纤维上都呈现明暗相间的带，暗带称A带，明带称I带。在明带的中部有一色深的暗线，称为Z线，相邻两Z线之间的一段肌原纤维称肌节。一个肌节包括一个完整的A带和两个1/2 I带，它是骨骼肌纤维舒缩的基本结构单位。

骨骼肌的纵切面上有许多平行排列着的圆柱状肌纤维，有明暗相间的横纹，边缘有很多淡染的细胞核（图1-5-2）。骨骼肌的横切面上可见肌纤维里的肌原纤维被切成点状（图1-5-3）或短杆状（斜切），有的均匀分布，有的被肌浆分成多个小区；可以见到少量位于周边的圆形淡染的细胞核。肌纤维周围有疏松结缔组织包裹（肌内膜、肌束膜和肌外膜），结缔组织内含丰富的血管（图1-5-4）。

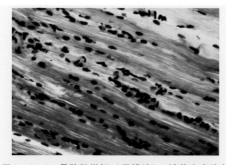

图1-5-2　骨骼肌纵切（见横纹）铁苏木素染色

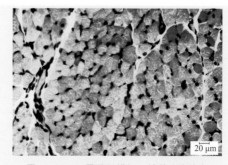

图1-5-3　骨骼肌横切　铁苏木素染色

图 1-5-4　骨骼肌纵切模式图

二、心肌

心肌纤维呈短柱状，有分支，长 50 ~ 100μm，直径 10 ~ 20μm。横纹不如骨骼肌明显。心肌纤维的分支相互吻合成网状，在细胞连接处，肌膜分化成特殊结构，称闰盘。每个心肌纤维一般只有一个细胞核，偶见双核；核较大，呈椭圆形，位于细胞中央，核周围呈淡染区（图 1-5-5）。纵切的心肌纤维，细胞呈短柱状，平行排列，相邻肌纤维相互吻合，互连成网；胞核呈椭圆形，位于细胞中央，核周围由于肌浆较多而呈淡染区。心肌横切面呈大小不等的圆形或椭圆形，胞质嗜酸性；中间有一圆形胞核，核周围胞质清亮（图 1-5-6）。

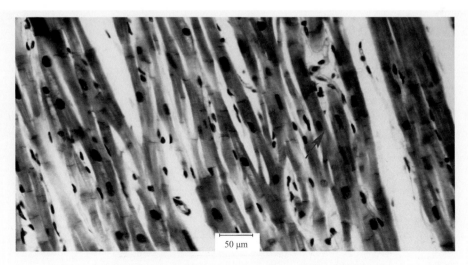

50 μm

图 1-5-5　心肌纵切（示心肌细胞核）　铁苏木素染色

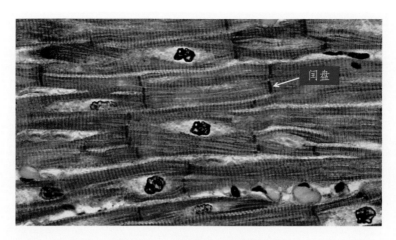

图1-5-6 心肌纵切（示润盘）HE

三、平滑肌

平滑肌纤维呈细长梭形，长约100μm，直径约10μm，每个细胞一个核；核呈椭圆形，位于细胞中央。相邻肌纤维的粗部与细部相嵌合，使其排列紧密，平滑而无横纹结构。

平滑肌纤维纵切呈细长纺锤形、彼此嵌合紧密的切面。胞质嗜酸性，呈均质状，无横纹；胞核为长椭圆形，位于肌纤维中央，可见到扭曲的细胞核（由于平滑肌收缩所引起）。平滑肌横切呈现大小不等的圆形切面，较大的圆形切面上可见到细胞核，偏离肌纤维中部的切面均较小而无核（图1-5-7、图1-5-8）。

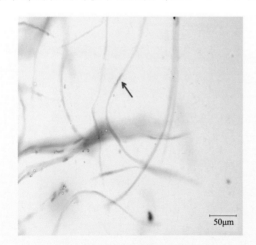

图1-5-7 平滑肌分散装片

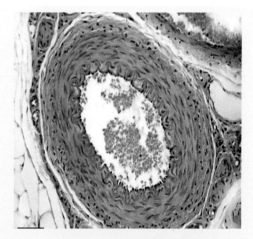

图1-5-8 动脉中膜示平滑肌纵切

四、思考题

1. 试述肌组织的基本结构特点。
2. 如何在光镜下分辨三种肌组织？

第六章

神经组织

神经组织是构成神经系统的主要部分，由神经细胞和神经胶质细胞组成。神经细胞亦称神经元，具有传导神经冲动的功能。神经胶质细胞是神经组织中的辅助成分，数量是神经元细胞的 10～15 倍，无传导神经冲动的功能，其对神经元有保护、绝缘、支持和营养等作用。

一、神经元

神经元是一种有突起的细胞，其形态多种多样，但结构都由胞体和突起两部分构成。胞体中央有一个大而圆、着色很淡的细胞核，核与核仁均很清晰，染色质呈细颗粒状。胞质中分布着的许多深蓝紫色、大小不等的团块状物质叫尼氏体，尼氏体分布在胞体和树突中。突起分树突和轴突两种，每个神经元有一至多个树突；而轴突只有 1 条。轴突的起始部粗大，呈丘状，称轴丘，轴突内无尼氏体（图 1-6-1、图 1-6-2）。神经元内含有神经元纤维（图 1-6-3），因切面关系需多观察几个神经元才能见到。

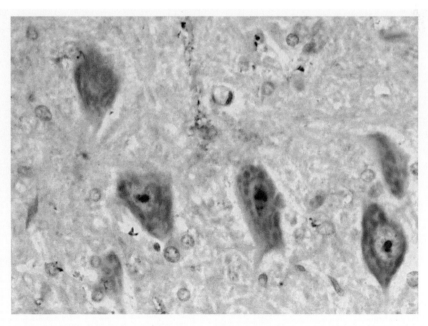

图 1-6-1　神经元示轴突

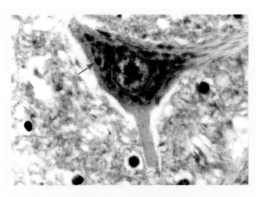

图 1 - 6 - 2　神经元示尼氏体

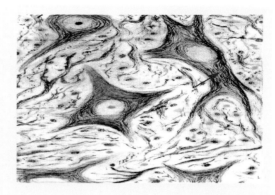

图 1 - 6 - 3　神经元示神经元纤维　银染

二、脊髓

　　肉眼观察脊髓标本呈椭圆形,脊髓中央着色较深、呈蝶翼状部分的是脊髓灰质。灰质中尖细的两个角为背角,钝而宽大的两个角为腹角。在胸腰部脊髓、背角与腹角之间还有外侧角,脊髓中央是脊髓中央管,由室管膜上皮围成,脊髓背侧有背正中隔,腹侧有一深沟为腹正中沟。在灰质中有大小不等、形态各异的多极神经元,灰质背角有胞体较小的多极神经元,即中间神经元。腹角有许多胞体较大的多极运动神经元。外侧角有植物性神经节前神经元的胞体(图 1 - 6 - 4)。

　　脊髓白质位于灰质周围,主要由粗细不等的有髓神经纤维横断面和散布于其间的神经胶质细胞构成。H.E 染色不能显示神经胶质细胞的形态,仅能见到形态和大小各异的细胞核。如核较大、呈圆形或椭圆形的星状胶质细胞核;核较小呈圆形的少突胶质细胞核;核小而浓染、呈卵圆形或三角形的小胶质细胞核等(图 1 - 6 - 5)。

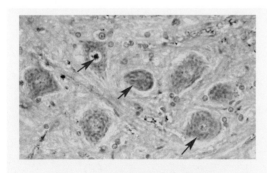

图 1 - 6 - 4　脊髓灰质示运动神经元

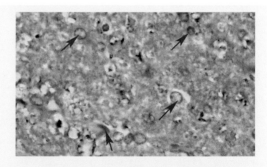

图 1 - 6 - 5　脊髓白质示神经胶质细胞核

三、思考题

1. 简述尼氏体的分布位置。
2. 简述脊髓的组织结构。

第七章

循环系统

循环系统包括心血管系统和淋巴系统。心血管系统由心脏、动脉、毛细血管和静脉组成，是一个具有分支的封闭管道系统。淋巴管系统由毛细淋巴管、淋巴管和淋巴导管组成，是一个具有分支的向心回流的管道系统，可视为心血管系统的辅助装置，将进入毛细淋巴管的组织液回收至静脉（图1-7-1）。

一、心脏

心脏是中空的肌性器官，结构从内到外分为心内膜、心肌膜、心外膜三层。

（1）心内膜：从内到外分为三层，分别为内皮（单层扁平上皮）、内皮下层（薄结缔组织）和心内膜下层（内含血管、神经、蒲肯野纤维）。蒲肯野氏纤维细胞比心肌纤维粗大，横切面呈圆形或椭圆形，胞质嗜酸性，胞核圆形、较小（偶见双核），位置常偏心。

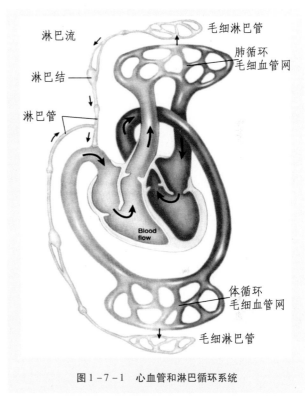

图1-7-1　心血管和淋巴循环系统

（2）心肌膜：由心肌纤维构成，心房肌较薄，心室肌较厚，分为内纵、中环、外斜三层。心肌纤维呈螺旋状排列，故切片中可见纵、横、斜等不同切面。在纵切面上可见到较细的横纹和闰盘，肌纤维分支并吻合成网（图1-7-2）。

（3）心外膜：属心包膜的脏层，为浆膜，结缔组织中可见到血管和成群的脂肪细胞等。

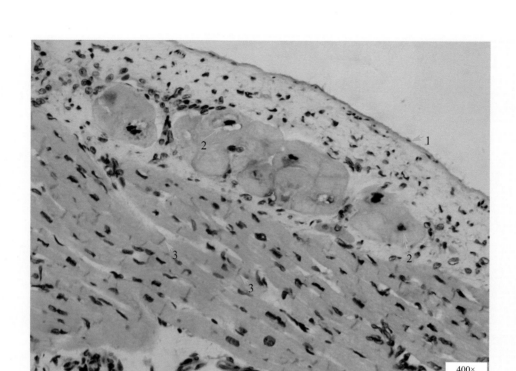

图1-7-2　心脏结构（铁苏木素染色）

1—内皮；2—蒲肯野纤维；3—闰盘

二、中动脉和中静脉

1. 动脉结构

血管分为大、中、小、微四种类型。其管壁都具三层结构，即内膜、中膜和外膜。动脉横切面呈圆形，动脉管壁厚，管腔小而圆；静脉管壁呈扁圆形，管壁薄，管腔大，常塌陷（图1-7-3、图1-7-4）。

（1）动脉内膜

动脉内膜为管壁最内层，很薄。

内膜有三层结构，依次为：

①内皮：衬于腔面的单层扁平上皮，胞核扁而深染。

②内皮下层：内皮与内弹性膜之间的结缔组织。

③内弹性膜：呈亮红色的波纹状膜，由弹性纤维构成，它是内膜和中膜的分界线。

（2）动脉中膜

动脉中膜很厚，其中含有多层环行排列的平滑肌纤维，平滑肌纤维间呈淡红色的是弹性纤维和胶原纤维。有的中动脉在中膜与外膜交界处有由弹性纤维构成的外弹性膜。

（3）动脉外膜

动脉外膜较厚，由结缔组织构成，其内可见到自养血管。

2. 中静脉与中动脉的比较

中静脉内膜不发达，仅由内皮和内皮下层构成，缺内弹性膜。中膜较薄，平滑肌层数少。外膜较中膜厚，由疏松结缔组织构成，内有散在的纵行排列的平滑肌束和自养血管（图 1 - 7 - 5）。

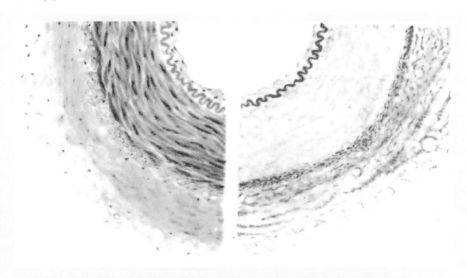

图 1 - 7 - 3　中动脉三层结构 HE 染色（左）和银染（右）对比图

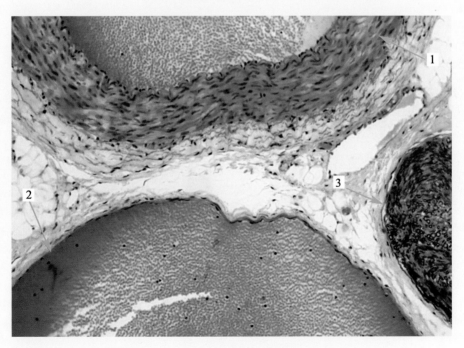

图 1 - 7 - 4　中动脉和中静脉三层结构比较　200 ×

1—动脉；2—静脉；3—神经

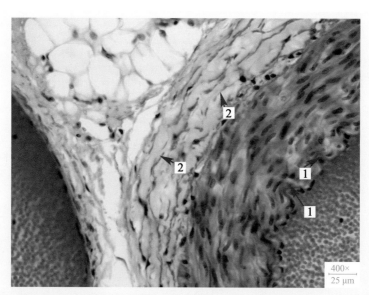

图 1-7-5　中动脉和中静脉三层结构比较

1—内弹性膜；2—外弹性膜

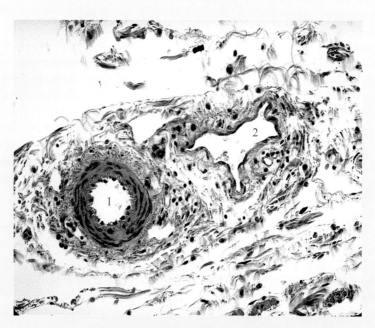

图 1-7-6　小动脉和小静脉三层结构比较

1—小动脉；2—小静脉

三、动脉血管壁的区别

（1）大动脉：内皮下层较明显，中膜内富含弹性纤维，构成多层弹性膜，平滑肌纤维较少，因富有弹性，亦称弹性动脉。外膜较中膜薄，无明显外弹性膜。

（2）小动脉与微动脉：小动脉的结构与中动脉类似，内弹性膜较明显，中膜平滑肌纤维只有几层，一般无外弹性膜（图1-7-6）。

（3）微动脉（<0.3mm）无内、外弹性膜，中膜只有1～2层平滑肌。

四、思考题

1. 光镜下如何区别动脉和静脉？
2. 比较中动脉与中静脉管壁组织结构的特点。
3. 比较小动脉与小静脉组织结构特点。

第八章

免疫系统

　　免疫系统主要由免疫器官、免疫组织、免疫细胞、免疫活性分子组成，是机体保护自身的重要防御性结构。

　　淋巴器官分为以下两类：

　　（1）中枢淋巴器官：T细胞由胸腺培育，家禽B细胞由腔上囊培育，哺乳类动物一般认为由骨髓培育B细胞。

　　（2）周围淋巴器官：进行免疫应答的场所。

　　周围淋巴器官包括淋巴结、脾、扁桃体等。

一、淋巴结

　　1. 淋巴结的组织结构

　　淋巴结的组织结构多呈豆状，一侧有一凹陷，称为门部。淋巴结的周围由薄层结缔组织构成淡红色被膜，其由致密结缔组织和少量平滑肌构成。结缔组织从多处伸入皮质和髓质，在淋巴组织之间形成小梁，切面呈淡红色，粗细不等，形态各异，有的小梁上可见小梁动脉和小梁静脉。淋巴结的实质可分为周边的皮质和中央的髓质两部分（图1-8-1）。

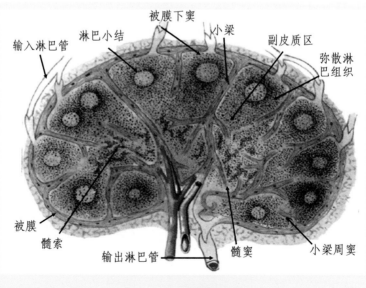

图1-8-1　淋巴结模式图

（1）皮质

皮质位于被膜下方淋巴结的周边，由浅层皮质、深层皮质和皮质淋巴窦构成（图1-8-2）。

①浅层皮质位于被膜深面，是呈深紫蓝色的致密淋巴组织，由淋巴小结和小结间弥散淋巴组织构成；

②深层皮质又叫副皮质区，为弥散的淋巴组织，无明显界限，该区内主要是T淋巴细胞，亦称胸腺依赖区；

③皮质淋巴窦包括被膜下窦和小梁周窦，窦壁由内皮围成，窦腔中有网状细胞、巨噬细胞和淋巴细胞等。

（2）髓质

髓质由髓索和淋巴窦组成（图1-8-3）。

①髓索由呈紫蓝色索状的淋巴组织构成。

②髓窦，即髓质淋巴窦，位于髓索之间，相互通连，其结构同皮质淋巴窦，且与之相连。

仔猪的淋巴结皮质和髓质的位置恰好相反，淋巴小结位于中央，淋巴索和淋巴窦位于周围。成年猪淋巴结皮质和髓质混合排列。

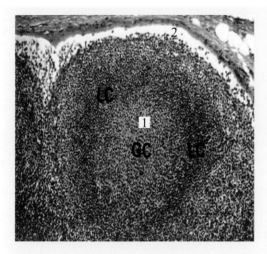

图1-8-2　淋巴结皮质

1—淋巴小结；2—被膜下窦

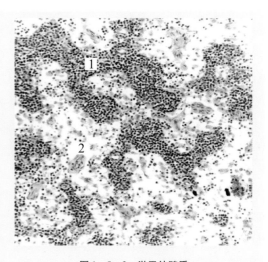

图1-8-3　淋巴结髓质

1—髓索；2—髓窦

2. 淋巴结内的淋巴通路

淋巴结内的淋巴通路如图1-8-4所示。

淋巴 → 输入淋巴管 → 被膜下窦 → 小梁周窦 → 髓窦 → 输出淋巴管
↘皮质淋巴组织↗

图1-8-4　淋巴结内的淋巴通路

二、脾脏

脾位于血液循环通路上，是体内最大的免疫器官。脾实质上分为白髓、边缘区和红髓。脾内无淋巴窦，而有大量血窦。

1. 脾的组织结构

（1）被膜与小梁。

脾的表面由致密结缔组织形成较厚的被膜，表面覆有间皮。被膜的结缔组织向实质内伸入，形成许多索状分支的小梁，门部的结缔组织也向实质内伸入而形成小梁，彼此相互吻合，构成脾内粗的支架（图1-8-5）。

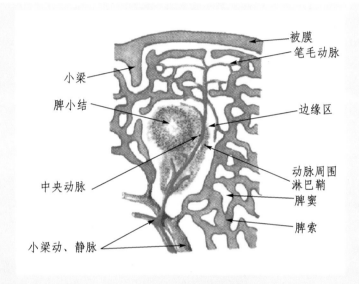

图1-8-5　脾脏结构模式图

（2）白髓。

白髓由密集的淋巴细胞环绕动脉组成，呈圆形、蓝紫色的致密淋巴组织团块，散布于红髓中，包括以下两种结构：

①动脉周围淋巴鞘：是围绕在中央动脉周围的一厚层弥散的淋巴组织，主要由T淋巴细胞组成，此区相当于淋巴结的副皮质区，是脾内的胸腺依赖区（图1-8-6）。

②淋巴小结：亦称脾小结（图1-8-7）。

（3）边缘区。

边缘区位于红髓与白髓之间。

（4）红髓。

红髓位于被膜下，呈紫红色部分为红髓，分脾索与脾窦（图1-8-8）。

①脾索：由富含血细胞的淋巴组织索构成，相互连接。

②脾窦，即血窦，形状不规则，相互连通，位于脾索之间。

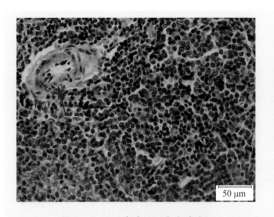

图1-8-6 脾脏（示中央动脉）

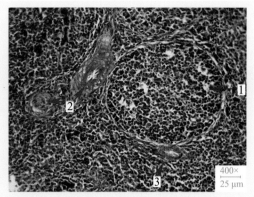

图1-8-7 脾小结（鸡）
1—脾小结；2—中央动脉；3—动脉周围淋巴鞘

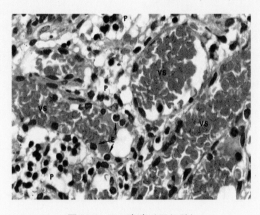

图1-8-8 脾脏（示红髓）

2. 脾的血液通路

脾的血液通路如图1-8-9所示。

脾动脉 → 小梁动脉 → 中央动脉 →

（白髓）

中央动脉主干 → 毛细血管末端膨大 → 边缘窦

（髓微动脉 → 鞘毛细血管 → 毛细血管）→ 脾索或脾窦 → 髓微静脉 → 小梁静脉 → 脾静脉

图1-8-9 脾的血液通路

三、胸腺

1. 胸腺的组织结构

胸腺为一个实质性器官，表面包以结缔组织被膜，被膜的结缔组织向内伸入，形成小叶间隔，将胸腺实质分成许多小叶。每一胸腺小叶可分为周边染色较深的皮质和中央染色较浅的髓质。各小叶的髓质可相互通连。

（1）皮质：主要由上皮性网状细胞和密集的染成蓝色的胸腺细胞构成。

（2）髓质：内有较多的上皮性网状细胞和较少的淋巴细胞，故染色较淡。胸腺小体是胸腺髓质的特征性结构，它是由多层扁平、嗜酸性的胸腺小体上皮细胞呈同心圆包绕围成（图1-8-10～图1-8-12）。

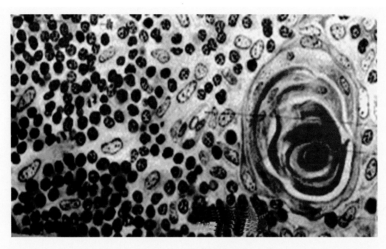

图1-8-10　胸腺小体

2. 血—胸腺屏障

血—胸腺屏障包括五层结构，从内向外依次为：连续毛细血管；血管内皮外完整基膜；血管周隙；胸腺上皮细胞的基膜；一层连续的胸腺上皮细胞（突起）。

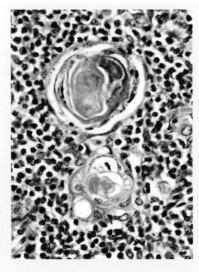

图1-8-11　胸腺小体

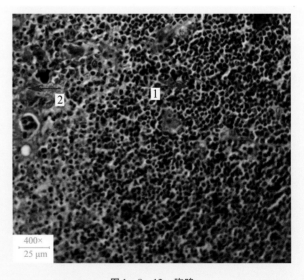

图1-8-12　胸腺

1—皮质；2—髓质

四、思考题

1. 如何在光镜下辨别淋巴结、脾脏和胸腺的组织切片？
2. 比较中枢淋巴器官和周围淋巴器官的结构特点。

第九章

消化系统

消化系统由消化管与消化腺组成，消化管是一条连续性管道，依次为口腔、咽、食管、胃、小肠、大肠和肛门。消化腺分壁内腺和壁外腺两类。壁内腺是分布于各段消化管壁内的腺体，如食管腺、胃腺、肠腺等。壁外腺是分布于消化管壁外的腺体，为独立的器官，借导管开口于消化管腔，包括唾液腺、胰腺和肝。

一、食管

食管从内向外分为以下4层（图1-9-1）：

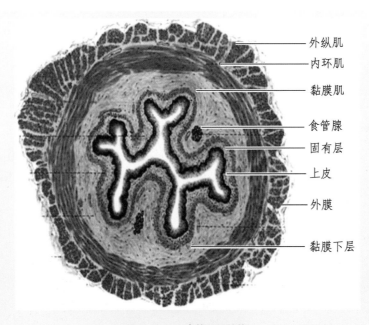

图1-9-1　食管组织结构

（1）黏膜：上皮为复层扁平上皮，有的部位表层细胞无核，发生轻度角化（图1-9-2）。

（2）黏膜下层：疏松结缔组织内有分支的管泡状混合腺，为食管腺。偶见腺的导管穿过固有层，开口于黏膜表面。

（3）肌层：前段骨骼肌多，后段平滑肌多，内环外纵，两肌层间可见副交感神经系统的神经节（肌间神经丛），内有副交感神经节后神经元的胞体。

（4）外膜：颈段为纤维膜，后段为浆膜。

二、胃

1. 单室胃

单室胃从内向外分为以下4层（图1-9-3）。

（1）黏膜：可以分为三层。

①上皮：有腺部为单层柱状上皮。黏膜上皮向固有膜内凹入形成小窝叫胃小凹，是胃腺的开口处。

②固有层：主要为胃底腺，腺体主要由五种细胞组成，即主细胞（胃酶细胞）、壁细胞（泌酸细胞，胞质呈强嗜酸性，可分泌盐酸和内因子）、颈黏液细胞（分泌酸性黏液）、未分化细胞、内分泌细胞（图1-9-4）。

③黏膜肌：由内环外纵两层薄的平滑肌构成。

（2）黏膜下层：较发达，猪胃内含有淋巴小结。

（3）肌层：较厚，由内斜、中环、外纵三层平滑肌构成。

（4）外膜：浆膜。

2. 反刍兽前胃

胃壁亦分四层，由黏膜和黏膜下层形成许多皱襞，黏膜表面形成许多乳头，上皮为角化的复层扁平上皮，固有层内无腺体。无黏膜肌（瓣胃有发达的黏膜肌）。肌层分为内环、外纵两层。外膜为浆膜。

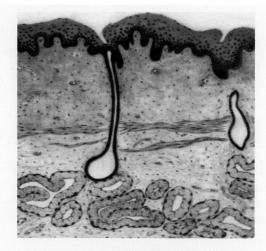

图1-9-2　食管黏膜下层

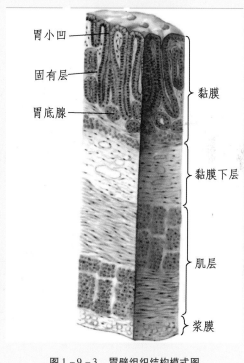

胃小凹
固有层
胃底腺
黏膜
黏膜下层
肌层
浆膜

图1-9-3　胃壁组织结构模式图

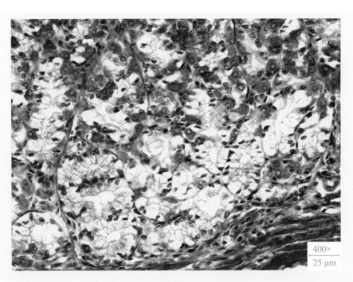

图1-9-4 猪胃底腺（示壁细胞）

三、小肠

小肠分十二指肠、空肠、回肠。

1. 十二指肠（图1-9-5）

十二指肠由内向外分为四层：

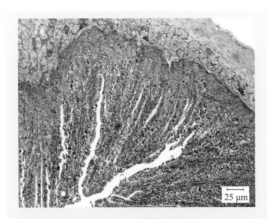

图1-9-5 十二指肠

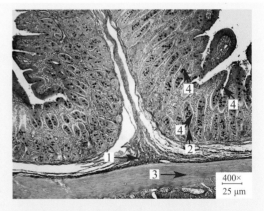

图1-9-6 猪空肠（内分泌细胞，银染）

1—黏膜下层；2—小肠腺；3—内环肌；4—内分泌细胞

（1）黏膜：结构特点为有环行皱襞、肠绒毛、微绒毛和小肠腺。

①上皮：由三种细胞组成，即柱状细胞、杯状细胞、内分泌细胞。

②固有层：为结缔组织，包括以下部分。

i）皱襞：由黏膜和部分黏膜下层向肠腔内形成地突起。

ⅱ）绒毛：小肠的特有结构，由上皮和固有层形成的细小突起。

ⅲ）肠腺：绒毛基部的上皮下陷至固有层内形成的管状结构，又叫肠隐窝，位于固有层内，由五种细胞构成，即柱状细胞、杯状细胞、潘氏细胞、内分泌细胞、未分化细胞（图1-9-6）。

（2）黏膜下层：其下层有十二指肠腺，十二指肠部位含有十二指肠腺，为分支管泡状腺。

（3）肌层：内环外纵两层平滑肌。

（4）外膜，即浆膜。

2. 小肠各段的结构特点

（1）十二指肠：绒毛密集，叶状，杯状细胞较少，固有层内有弥散淋巴组织，黏膜下层的十二指肠腺为混合腺，内有浆液性腺泡和黏液性腺泡。

（2）空肠：皱襞发达，绒毛密集，指状、杯状细胞增多，固有层内有孤立淋巴小结。

（3）回肠：绒毛数量较少，锥状，杯状细胞更多，黏膜下层内有集合淋巴小结（图1-9-7）。

四、大肠

大肠包括盲肠、结肠、直肠（图1-9-8）。其主要结构特点如下：

（1）黏膜无皱襞和肠绒毛。

（2）上皮柱状细胞微绒毛不发达，不形成纹状缘，杯状细胞较多。

（3）固有层内的大肠腺密集，长而直，杯状细胞多，无潘氏细胞。

（4）固有层淋巴组织较多，为孤立淋巴小结。

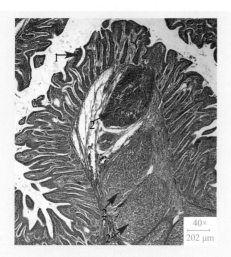

图1-9-7 回肠

1—绒毛；2—集合淋巴小结

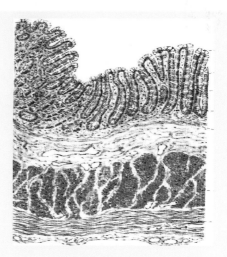

图1-9-8 大肠

五、肝脏

肝（liver）是体内最大的消化腺。肝门处的结缔组织随门静脉、肝动脉、肝管的分支伸入肝实质，将肝实质分隔成许多肝小叶。猪、猫和骆驼的小叶间结缔组织发达，其他动物小叶分界不明显。

1. 肝小叶

肝小叶（hepatic lobule）为肝的结构和功能单位。外形呈多角形棱柱体，横断面为不规则多边形，中央纵贯一条中央静脉。以中央静脉为轴心，肝细胞以单排不整齐作辐射状排成板状，称肝板。肝板上有孔，相邻肝板之间相互吻合。肝板之间存有间隙，为肝血窦。在切片上，肝板的断面呈索状，称肝索（图1-9-9、图1-9-10）。

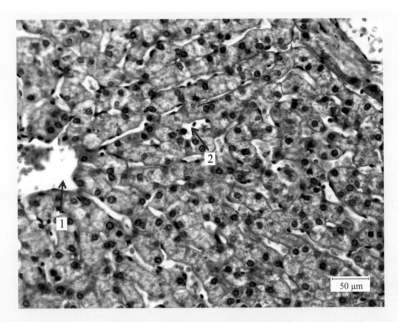

图1-9-9 肝小叶示中央静脉和窦周隙

1—中央静脉；2—窦周隙

（1）肝细胞：较大，直径$20 \sim 30 \mu m$，呈多边形，核大而颜色淡，位于中央，常见有双核。胞质嗜酸性。

（2）肝血窦：为肝小叶内血液的通道，是位于肝板之间、形状不规则的网状管道。窦壁主要由一层内皮细胞构成，内皮外无基膜，内皮间有较大间隙。

（3）窦周隙（狄氏间隙）：是血窦内皮细胞与肝细胞之间的间隙。

（4）胆小管：是肝板内相邻两个肝细胞间局部胞膜凹陷成槽并相互对接形成的微细管道，以盲端起始于中央静脉周围的肝板内（图1-9-11）。胆小管进一步向小叶周边汇集，最后汇入胆囊（图1-9-12）。

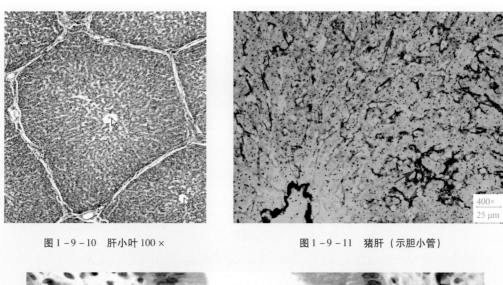

图1-9-10 肝小叶 100×   图1-9-11 猪肝（示胆小管）

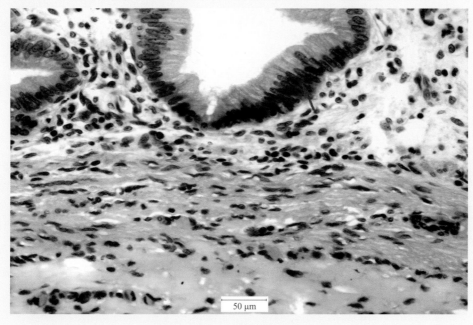

图1-9-12 胆囊示单层柱状上皮

2. 门管区

在肝切片上，相邻几个肝小叶之间的结缔组织内小叶间静脉、小叶间动脉和小叶间胆管所伴行分布的三角形区域称之为门管区（图1-9-13）。三种管道的鉴别要点如表1-9-1所示。

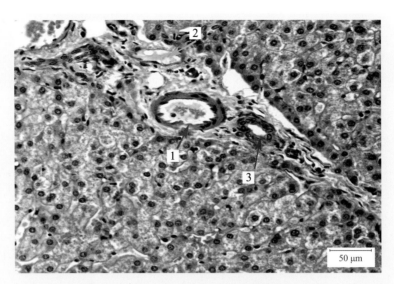

50 μm

图 1 - 9 - 13　门管区（示三种管道）

1—小叶间动脉；2—小叶间静脉；3—小叶间胆管

表 1 - 9 - 1　肝的三种管道的鉴别要点

类　型	管　腔	管　壁
小叶间动脉	小而圆	厚，有数层环形平滑肌
小叶间静脉	大而不规则	薄，有散在平滑肌分布
小叶间胆管	小而圆	单层立方上皮

六、胰腺

　　胰腺是体内第二大腺，其表面被覆有一薄层结缔组织，结缔组织伸入实质内，将其分隔成许多大小不等、分叶不明显的小叶。腺的实质由外分泌部和内分泌部组成。着深紫红色部分为胰腺外分泌部的腺泡；分散在腺泡之间，呈淡红色、大小不等的细胞团，为胰脏的内分泌部，即胰岛（图 1 - 9 - 14）。

　　1. 外分泌部

　　外分泌部为浆液性的复管泡状腺，由腺泡和导管组成。

　　腺泡呈泡状、管状。每个腺泡由数个锥状的腺细胞围成，中央有狭窄的腺腔。腺细胞经重铬酸钾固定，H. E 染色后，细胞顶部的酶原颗粒着鲜红色，而细胞基部由于含有大量粗面内质网而呈紫蓝色。腺泡腔壁存在椭圆形或圆形的泡心细胞核，在腺泡周围的结缔组织中，还可见到由单层扁平上皮和立方上皮围成的闰管、小叶内导管、小叶间导管和胰管。

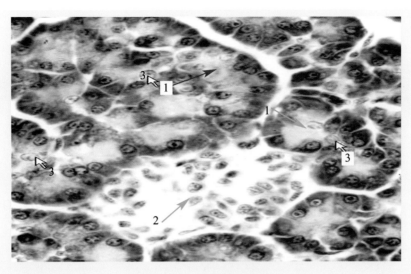

图 1 - 9 - 14　胰腺腺泡和胰岛

1—腺泡；2—胰岛；3—泡心细胞

2. 内分泌部

内分泌部由内分泌细胞团构成胰岛，细胞间有丰富的毛细血管。在 H. E 染色的标本上，只见其由大小和形状不一的细胞核和胞质弱嗜酸性的细胞团构成，无法辨认胰岛的细胞类型。

七、思考题

1. 如何在光镜下分辨胃、小肠及大肠的组织结构？
2. 从胃底腺的细胞类型和结构特点讨论各种细胞的功能。
3. 从小肠的光镜和电镜的结构特点讨论小肠的消化吸收功能。
4. 谈谈肝脏的组织结构与功能的关系。

第十章

呼吸系统

呼吸系统由鼻、咽、喉、气管、支气管和肺等器官组成，主要功能是进行气体交换。另外，鼻具有嗅觉功能，喉与发音有关，肺还参与多种生物活性物质的合成与代谢过程。

一、气管和支气管

气管和支气管结构相似，管壁由内向外分三层：黏膜、黏膜下层和外膜（图1-10-1）。

（1）黏膜。

黏膜由上皮和固有层构成。位于腔面呈深紫红色部分，为假复层纤毛柱状上皮，上皮间夹有许多杯状细胞，上皮的腔面有较长的纤毛，其基底面有着色较深的基膜。固有层由细密结缔组织构成，较薄，纤维排列较致密，内含许多粗大、亮红色、呈纵行排列的弹性纤维，并在固有层深面形成弹性纤维膜。无黏膜肌（图1-10-2）。

（2）黏膜下层。

黏膜下层为疏松结缔组织，内含有许多混合性的气管腺（图1-10-3）。

（3）外膜。

外膜由淡紫红色或淡蓝色的"C"字形的透明软骨环和其周围的致密结缔组织构成（图1-10-4）。

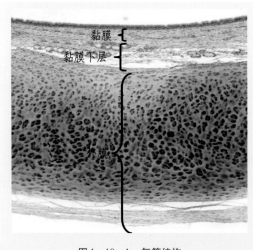

图1-10-1　气管结构

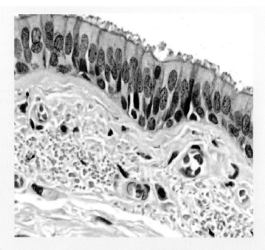

图1-10-2　气管黏膜层

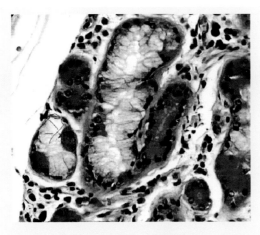 

图1-10-3 气管腺　　　　　图1-10-4 气管软骨

50 μm

二、肺

肺为实质性器官，家畜肺的分叶模式图如下，（图1-10-5），肺表面覆以浆膜（胸膜脏层），亦称肺胸膜。内由实质和间质组成。实质由肺内支气管及其所属分支组成；间质为分布于各级支气管分支周围的结缔组织，内有血管、淋巴管和神经等。

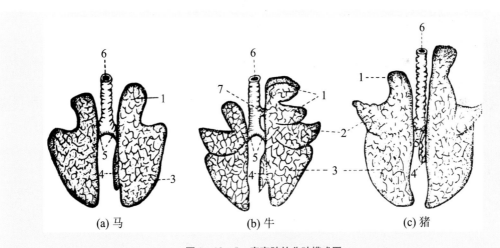

(a) 马　　　(b) 牛　　　(c) 猪

图1-10-5 家畜肺的分叶模式图

1—尖叶；2—心叶；3—隔叶；4—副叶；5—支气管；6—气管；7—右尖叶支气管

肺表面浆膜和富含弹性纤维（切面上呈亮红色）的致密结缔组织伸入肺内，把肺分隔成许多肺小叶（图1-10-6），在肺小叶内可见到管腔大小不等的细支气管切面和大量囊泡状的肺泡。支气管逐级分支为肺内支气管、小支气管、细支气管、终末细支气管、呼吸性细支气管、肺泡管、肺泡囊和肺泡。

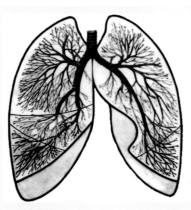

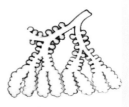

图1-10-6 支气管树和肺小叶

（1）肺内小支气管。

肺内小支气管的管腔较大，管壁较厚，腔面较平，皱襞少。黏膜上皮为假复层纤毛柱状上皮，上皮间夹有较多杯状细胞，固有层深面有分散的平滑肌纤维束。黏膜下层有较多的混合腺。外膜的结缔组织中有较大的透明软骨片。随着支气管的分支，管腔由大变小，管壁由厚变薄，腺体由多变少，软骨片由大块变小块（图1-10-7），最后消失。肺动脉位于支气管一侧，随支气管分支而分支，直达肺泡。

（2）细支气管。

细支气管管腔较小，管壁较薄，黏膜层向管腔内突出形成多个皱襞，故腔面呈星状。黏膜上皮为假复层纤毛柱状上皮或单层纤毛柱状上皮，杯状细胞极少。固有层很薄，其深面的平滑肌纤维束增多，形成完整的环肌层。腺体和软骨均消失（图1-10-8）。

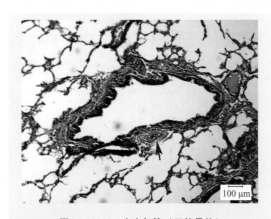

图1-10-7 小支气管（示软骨片）

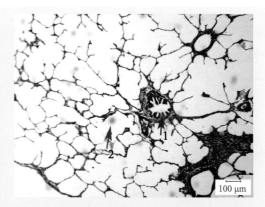

图1-10-8 细支气管
1—细支气管；2—肺泡囊

（3）终末细支气管。

终末细支气管的管腔更小，管壁更薄。腔面有少量皱襞或缺如，上皮为单层柱状上皮或立方上皮，无纤毛及杯状细胞，平滑肌层薄而完整（图1-10-9）。

（4）呼吸性细支气管。

呼吸性细支气管直接与肺泡管通连，但管壁不完整，有少量肺泡开口，由单层柱状上皮或立方上皮构成。上皮外面有少量结缔组织和很薄的平滑肌层（图1-10-10）。

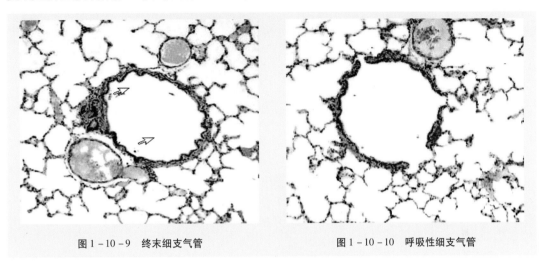

图1-10-9　终末细支气管　　　　　　　　　　图1-10-10　呼吸性细支气管

（5）肺泡管。

肺泡管无完整的管壁，由多个肺泡围成，在相邻肺泡开口处，立方上皮或扁平上皮外面有较多的结缔组织和少量的平滑肌，故呈结节状膨大，为肺泡管的管壁。

（6）肺泡囊。

肺泡囊是多个肺泡共同的通道，呈囊泡状（图1-10-11）。

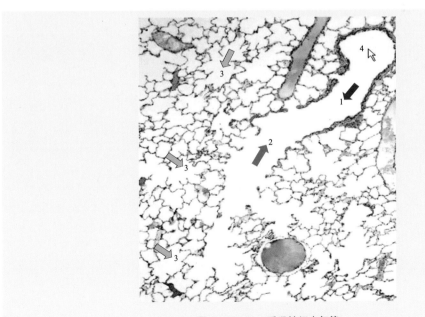

图1-10-11　呼吸性细支气管

1—呼吸性细支气管；2—肺泡管；3—肺泡囊；4—终末细支气管

（7）肺泡。

肺泡在切面上为大、小不等，呈空泡状的薄壁囊泡，一面开口于呼吸性细支气管、肺泡管、肺泡囊，另一侧与肺泡膈或邻近肺泡接触。肺泡壁（图1-10-12）由扁平细胞（肺泡Ⅰ型细胞，参与构成气血屏障，图1-10-13）和立方细胞（肺泡Ⅱ型细胞，分泌表面活性物质）围成，相邻两肺泡间有极少量结缔组织和毛细血管构成的肺泡膈，这些结构在切面上不易分辨。在肺泡腔内或肺泡膈内偶见细胞形状不规则，胞质中含有似黑色灰尘颗粒的尘细胞。

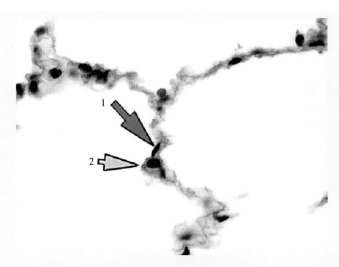

图1-10-12　肺泡上皮细胞

1—Ⅰ型肺泡细胞；2—Ⅱ型肺泡细胞

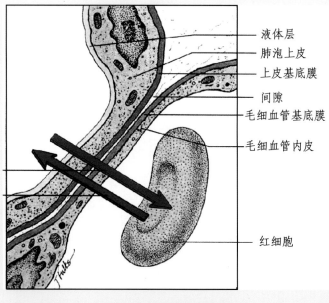

液体层

肺泡上皮

上皮基底膜

间隙

毛细血管基底膜

毛细血管内皮

红细胞

图1-10-13　肺泡气体交换

三、思考题

1. 如何在光镜下辨别小支气管、细支气管、呼吸性细支气管、肺泡管和肺泡囊?
2. 简述肺内各级支气管壁的变化规律。

第十一章

泌尿系统

泌尿系统由肾、输尿管、膀胱和尿道等组成，主要功能是生成、贮存、推出尿液，调节机体的水盐代谢和离子平衡。

一、肾

肾为实质性器官，内缘中部凹陷为肾门，是输尿管、血管、淋巴管、神经出入的通道。其表面由致密结缔组织构成被膜，分内、外两层，外层致密，内层疏松，被膜在肾门处伸入肾皮质髓质内形成肾间质，其间有丰富的血管分布。实质分外周的深紫红色皮质和深部的淡红色髓质。在肾的矢状面上，可见周边呈颗粒状暗红色的皮质和条纹状中间色浅的髓质。髓质部由许多肾锥体组成。锥体底部与皮质相接，尖端称肾乳头，与肾盏或肾盂相对。肾锥体之间有皮质伸入，称肾柱。锥体底部向皮质呈辐射状走行的条纹结构称髓放线，位于髓放线之间的皮质结构称皮质迷路。每个肾锥体及其邻近的皮质构成一个肾叶，每条髓放线与其周围的皮质迷路构成一个肾小叶（图1-11-1～图1-11-3）。

肾实质主要由大量单层上皮性管道构成，因这些管道与尿液形成有关，又叫泌尿小管，泌尿小管包括肾单位和集合小管。实质又可分为泌尿部和排尿部。泌尿部也称肾单位，是肾的结构与功能单位；排尿部由集合小管组成。

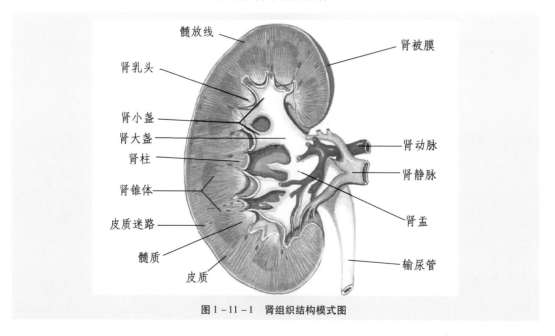

图1-11-1　肾组织结构模式图

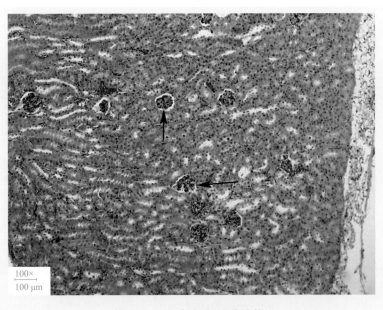

图 1 - 11 - 2　肾皮质（示肾小体）

1. 肾单位

每一个肾内有数万个以上的肾单位，肾单位由肾小体和肾小管两部分组成。肾小体呈球形，位于皮质迷路和肾柱内。肾小管是一条长而不分支的弯曲的上皮性管道，根据其结构和功能不同分为近端小管、细段和远端小管三段。

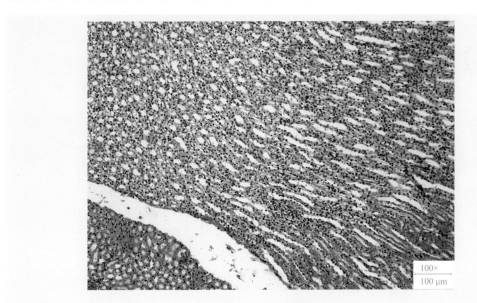

图 1 - 11 - 3　肾髓质

（1）肾小体。

肾小体直径 120 ～ 200μm，由肾小囊和血管球两部分组成。肾小囊是由近端小管起始部膨大并凹陷而成的双层杯形结构；血管球则是一团分支盘曲的毛细血管，嵌在肾小囊的杯口内（图1－11－4）。

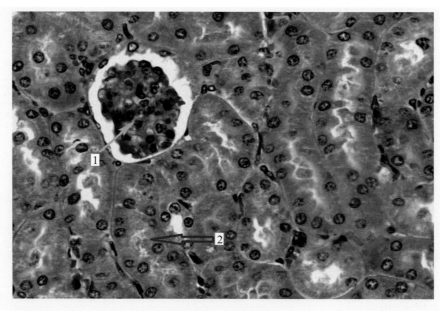

图1－11－4　肾单位

1—肾小体；2—肾小管

①肾小囊：由肾小管起始部膨大凹陷而成的杯状双层囊，外层（壁层）为单层扁平上皮，在肾小体的尿极处与近曲小管上皮相延续。在血管极处反折为囊的内层（脏层）。内、外两层之间的狭窄腔隙称为肾小囊腔。内层由一层具有多突起的足细胞组成。肾小体血管球内的物质滤入肾小囊腔必须经过三层结构：有孔内皮细胞、基膜和裂隙膜，这三层结构称之滤过膜或滤过屏障。滤过膜对血浆有选择的通透作用。血液内的大量水和小分子物质易透过滤过膜进入肾小囊腔，称之为原尿。

②血管球：一条入球小动脉从血管极处进入肾小囊，分成3～5支，继而再分成许多条相互吻合的毛细血管袢（即血管球），袢之间有血管系膜支持，然后毛细血管袢在血管极处再汇合成一条出球小动脉离开肾小囊。

（2）肾小管。

肾小管为上皮性管道，包括近端小管、细段和远端小管。

①近曲小管（近端小管曲部）是肾小管起始部，可见其与肾小囊外层的单层扁平上皮相连续。近曲小管位于肾小体附近，管径较粗，长而弯曲，管腔小而不规则。管壁上皮呈锥体形或立方形，细胞界限不清，胞质呈强嗜酸性，上皮细胞的游离面有一层红色刷状缘，细胞核呈圆形或椭圆形，位于细胞基底部（图1－11－5）。

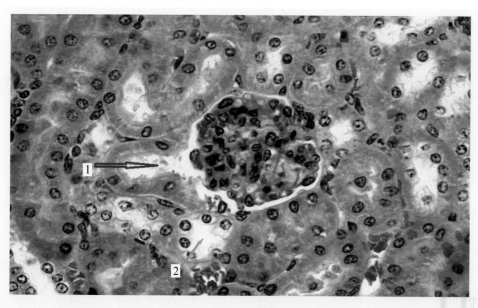

图 1-11-5　肾单位

1—近曲小管；2—远曲小管

　　近端小管直部位于髓质浅层（皮质与髓质交界处），上皮细胞呈立方形，管壁上皮的结构和染色特性与近曲小管相似，胞质各种结构不如曲部发达。

　　②细段位于髓放线和肾锥体内，包括髓袢细段和髓袢粗段。髓袢细段（降支）深入髓质深部，由单层扁平上皮围成，管径细，管腔小，管壁薄，胞核呈扁椭圆形，并向腔面突出。髓袢粗段（升支）位于髓质浅部，管径较粗，由立方上皮围成。细胞质嗜酸性，着色比近端小管直部浅；胞核呈圆形，位于细胞中央或近腔面。

　　③远端小管分为直部和曲部。远端小管直部：位于肾小体附近，管壁上皮的结构和染色特性与远曲小管相似，胞质各种结构不如曲部发达。远曲小管位于肾小体附近，切面较少。管腔比近曲小管大，管壁为立方上皮，细胞界限清楚，胞核圆形，位于细胞中央，胞质弱嗜酸性。

　　2. 集合小管

　　集合小管分为弓状集合小管、直集合小管和乳头管三段。集合管从皮质延伸到髓质，上皮细胞由立方形上皮转变为高柱状上皮，胞质清晰，界限清楚。细胞核呈圆形，位于细胞基部。集合管在肾乳头开口处变为乳头管，其上皮为变移上皮。集合小管受醛固酮和抗利尿素的调节，具有重吸收水和 Na^+ 及排出 H^+ 和 K^+ 的作用，进一步浓缩原尿（图 1-11-6 ～ 图 1-11-8）。

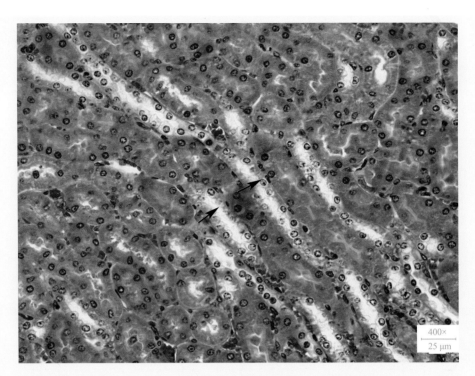

400×
25 μm

图 1-11-6　集合小管

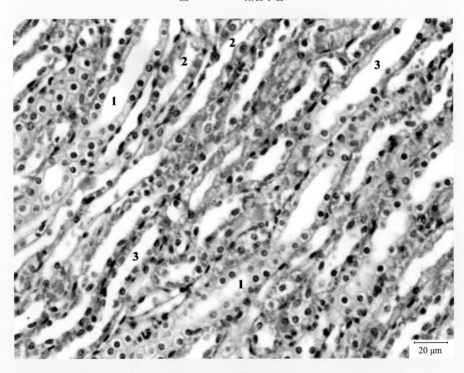

20 μm

图 1-11-7　肾髓质（兔）

1—集合小管；2—近直小管；3—远直小管

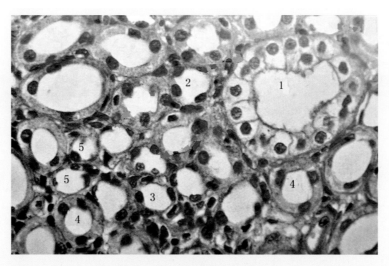

图 1 - 11 - 8　肾髓质（马 400 ×）

1—集合小管；2—近直小管；3—细段；4—远直小管；5—毛细血管

3. 近血管球复合体

近血管球复合体又叫球旁复合体或肾小球旁器，有内分泌功能。位于肾小球入球小动脉和出球小动脉之间，远曲小管近肾小球血管极侧的管壁上，形成三角形区域。由球旁细胞、致密斑、球外系膜细胞组成。远曲小管的上皮细胞呈高柱状，密集深染，胞核呈椭圆形，形成致密斑（图 1 - 11 - 9 ～ 图 1 - 11 - 10）。肾的血管分布见图 1 - 11 - 11。

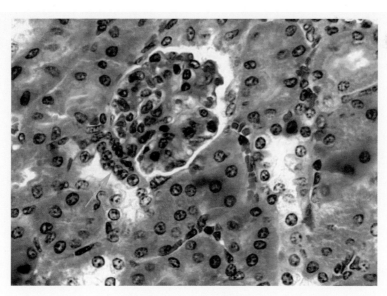

图 1 - 11 - 9　致密斑

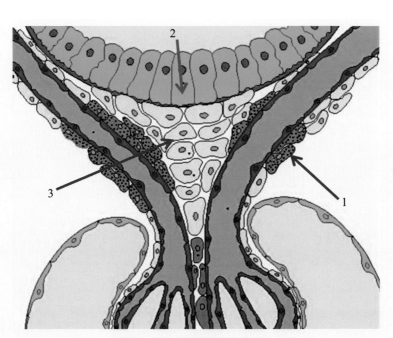

图 1-11-10　球旁复合体模式图

1—球旁细胞；2—致密斑；3—球外系膜细胞

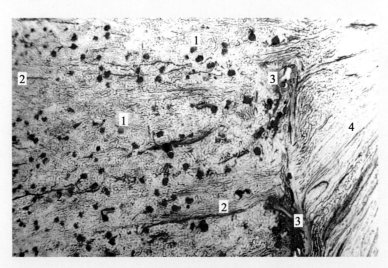

图 1-11-11　肾血管（猪 卡红明胶 低倍）

1—血管球；2—小叶间动脉；3—弓形动脉；4—肾髓质

二、排尿管道

　　排尿管道包括肾盏、肾盂、输尿管、膀胱、尿道，由黏膜、肌层、外膜构成，其功能为将肾产生的终尿排出体外。

1. 黏膜层

黏膜层位于管壁最内层，包括上皮和固有层。

（1）上皮。

上皮为变移上皮，细胞有 4 ～ 7 层不等，表层细胞大，胞核呈圆形，位于中央，偶见双核，叫盖细胞。

（2）固有层。

固有层为致密的结缔组织，与上皮一起突向管腔，形成大、小不等的皱襞。

2. 肌层

肌层较厚，为平滑肌，层次不够规则。有的部位显示内、外层为纵行肌，中间夹有环形肌层。有的部位仅有内环肌层和外纵肌层。

3. 外膜或浆膜

膀胱顶和膀胱体为浆膜，而膀胱颈为纤维膜（图 1 – 11 – 12 ～ 图 1 – 11 – 15）。

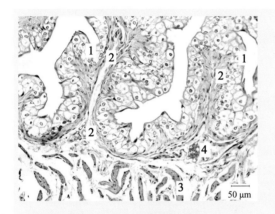

图 1 – 11 – 12　舒张膀胱（兔）

1—变移上皮（盖细胞）；2—固有层；3—肌层；
4—小血管

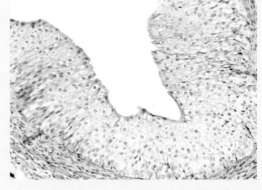

图 1 – 11 – 13　收缩膀胱（兔　400×）

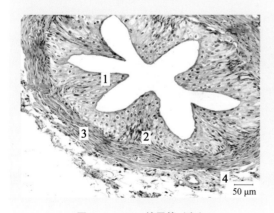

图 1 – 11 – 14　输尿管（兔）

1—变移上皮；2—固有层；3—肌层；4—外膜

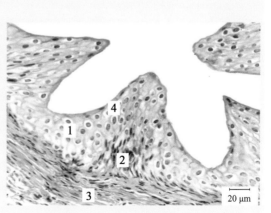

图 1 – 11 – 15　输尿管上皮（兔）

1—变移上皮；2—固有层；3—肌层；4—盖细胞

三、思考题

1. 肾单位由哪些结构组成?
2. 肾小体结构和原尿形成的关系是什么?
3. 光镜下如何分辨近曲小管和远曲小管?
4. 排尿管道有哪些共同的特点?

第十二章

生殖系统

生殖系统分为雄性生殖系统和雌性生殖系统。雄性生殖系统主要由睾丸、附睾、副性腺和阴茎构成；雌性生殖系统主要由卵巢、输卵管、子宫和阴道构成。

一、睾丸

1. 睾丸的一般结构

睾丸表面覆以浆膜，下方由致密结缔组织构成较厚的白膜，浆膜和白膜构成睾丸的被膜，又叫固有鞘膜。白膜深层的结缔组织从睾丸头深入睾丸实质内形成结缔组织纵隔，叫睾丸纵隔。纵隔的结缔组织发出许多放射状排列的结缔组织隔为睾丸小隔，将睾丸实质分隔成许多呈锥体形的睾丸小叶。每个小叶内含有 1 ～ 4 条细长而弯曲的小管，称曲精小管，它是产生精子的场所。曲精小管之间是富含血管的疏松结缔组织，称睾丸间质，间质有一种内分泌细胞叫睾丸间质细胞。曲精小管在睾丸纵隔附近变为短而直的直精小管，而后进入睾丸纵隔内相互吻合成网，称睾丸网。

2. 曲精小管的结构

曲精小管管壁由复层的生精上皮构成。生精上皮分生精细胞和支持细胞两类。

（1）生精细胞。

自动物性成熟以后，生精细胞可持续不断地形成精子。在曲精小管的上皮内，可见不同发育阶段的生精细胞，从基膜至管腔，依次为精原细胞、初级精母细胞、次级精母细胞、精子细胞和精子。从精原细胞到精子形成的过程叫精子的发生。

①精原细胞：紧靠基膜，有 1 ～ 2 层，胞体较小，呈圆形（$\phi 12\mu m$），核圆色深。

②初级精母细胞：位于精原细胞内侧，可见有几层，胞体较大（$\phi 18\mu m$），核大而圆，处于第一次减数分裂的各个时期，可见有丝分裂相。

③次级精母细胞：位于初级精母细胞内侧，体积较初级精母细胞小（$\phi 12\mu m$），核圆，染色较深，不见核仁，存在时间短，细胞周期很短。

④精子细胞：位于管腔面，数量较多，胞体较小（$\phi 8\mu m$），核圆色深，核仁明显。该细胞不再分裂，而是经过一系列形态变化后成为精子，此过程叫精子形成期或变态期。精子变态的主要变化是：核变的极度浓缩；高尔基体特化为顶体；中心体迁移到顶体对侧，其中一个中心粒的微管延长，形成轴丝，成为精子尾部的主要结构；线粒体聚集形成线粒体鞘；多余的胞质丢失（图 1 - 12 - 1、图 1 - 12 - 2）。

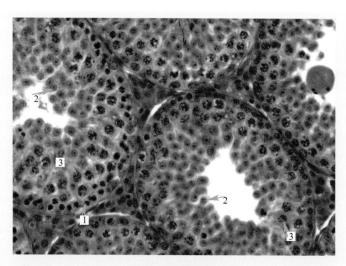

图 1 - 12 - 1　各级生精细胞（1）

1—精原细胞；2—精子细胞；3—初级精母细胞

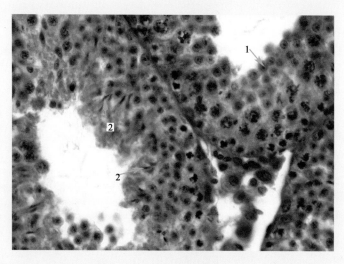

图 1 - 12 - 2　各级生精细胞（2）

1—精子细胞；2—变形的精子

⑤精子：形似蝌蚪，可分为头、颈、尾三部分。

（2）支持细胞：胞核呈卵圆形，色淡，核仁明显，由于各级生精细胞插入胞膜中，细胞轮廓不清。

支持细胞的功能有：

①支持与营养生精细胞；

②合成与分泌雄激素结合蛋白；

③吞噬退变的生精细胞和残余体；

④参与构成血睾屏障；

⑤分泌少量的液体，有利于精子运动（图 1 - 12 - 3）。

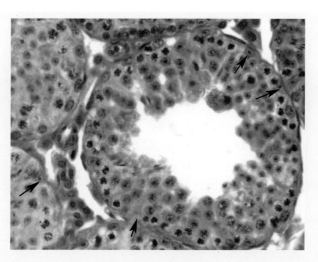

图 1 - 12 - 3 支持细胞

3. 睾丸间质

睾丸间质由位于曲精小管间的疏松结缔组织构成，内含有一种具内分泌功能的间质细胞，多成群分布，胞体较大，呈圆形或多边形，核大而圆，偏位色淡，胞质呈强嗜酸性。该细胞可合成与分泌雄激素——睾酮。睾丸间质的功能有：

①维持性功能；

②促进生殖器官的发育和雄性第二性征出现；

③对精子的发生和成熟起促进作用（图 1 - 12 - 4）。

4. 附睾

附睾位于睾丸的后外侧，分头、体、尾三部分。睾丸输出小管和部分附睾管构成附睾头部，其他附睾管构成附睾的体部和尾部。睾丸输出小管是从睾丸网发出的小管，另一端连于附睾管。附睾管的管腔规则。高倍镜下观察附睾结构，可见许多附睾管切面，管径大而规整，管腔内可见许多精子。管壁由假复层纤毛柱状上皮构成，高柱状细胞和矮的基底细胞整齐地排列于基膜上（图 1 - 12 - 5）。

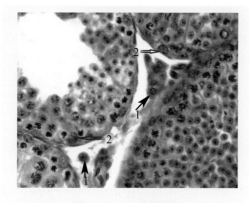

图 1 - 12 - 4 间质细胞

1—间质细胞；2—支持细胞

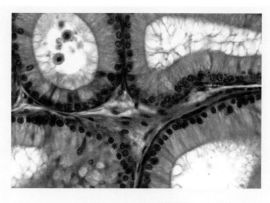

图 1 - 12 - 5 附睾管

二、卵巢

卵巢的表面覆有单层扁平或立方的生殖上皮，但马属动物仅在排卵窝处有生殖上皮，其余为浆膜覆盖。上皮下方为致密结缔组织构成的白膜。实质可分为周边的皮质和中央的髓质，两者之间无明显界限。马的皮质在中央，髓质在外。皮质由基质、卵泡、黄体、闭锁卵泡构成。髓质为疏松结缔组织。

1. 卵泡的发育与成熟

卵泡主要由中央一个大的卵母细胞和周围许多卵泡细胞构成球状结构。其发育过程可分为三个阶段：原始卵泡、生长卵泡和成熟卵泡（图1-12-6）。

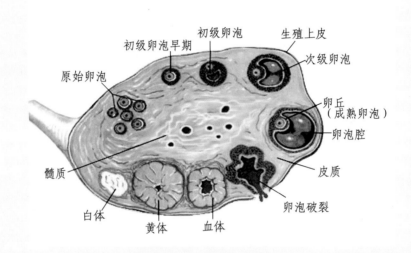

图1-12-6 卵泡发育模式图

（1）原始卵泡

原始卵泡于胚胎时期形成，散布于皮质浅层的结缔组织内，其数量较多，易退化。它由中央一个大而圆的初级卵母细胞和周围一层扁平的卵泡细胞所构成。初级卵母细胞直径 $30 \sim 40\mu m$，核大而圆，偏于一侧，染色浅，核仁明显，胞质嗜酸性（图1-12-7）。

（2）生长卵泡

生长卵泡由原始卵泡在卵泡刺激素的作用下发育而来。主要表现在初级卵母细胞的增大，周围卵泡细胞增殖分化及周围基质的变化。生长卵泡根据有无卵泡腔可分为前期的初级卵泡和后期的次级卵泡。

①初级卵泡：初级卵母细胞体积不断增大，周围的卵泡细胞由扁平状变为立方、柱状，进而增殖为多层。在卵母细胞周围出现一层富含糖蛋白的嗜酸性膜——透明带（红色）。初级卵母细胞核大而明显，核仁大。卵泡腔产生之前的卵泡叫腔前卵泡（图1-12-8）。

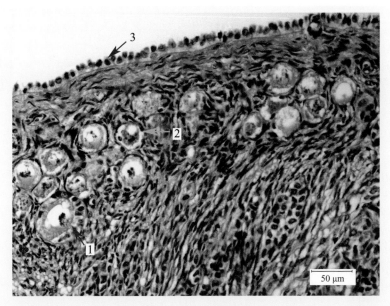

图 1 - 12 - 7　原始卵泡

1—初级卵泡；2—原始卵泡；3—生殖上皮

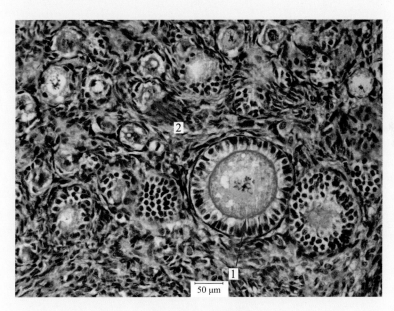

图 1 - 12 - 8　初级卵泡

1—初级卵泡；2—原始卵泡

②次级卵泡。随着初级卵泡的进一步增大，在卵泡细胞之间出现一些含液体的腔隙，即为次级卵泡。随后，这些小腔逐渐融合成一个较大的卵泡腔。随着卵泡腔的增大和卵泡液的增多，初级卵母细胞连同周围包裹的卵泡细胞被挤到卵泡腔的一侧，形成一个突出卵泡腔内的丘状隆起，称卵丘。卵丘中紧靠透明带外表面的一层卵泡细胞增大呈柱状，围绕

卵母细胞呈放射状排列，称放射冠。放射冠周围的卵泡细胞叫卵丘细胞。在卵泡外围的结缔组织分化形成卵泡膜。晚期生长卵泡中的初级卵母细胞核大而呈泡状，核仁明显，又叫生发泡（图1-12-9）。

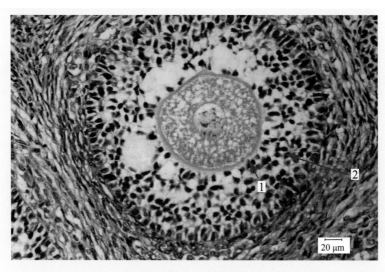

图1-12-9 次级卵泡

1—透明带；2—颗粒细胞

（3）成熟卵泡。

次级卵泡进一步发育，卵泡腔不断增大，卵泡液不断增多，使卵泡突出于卵巢表面，即为成熟卵泡（图1-12-10）。

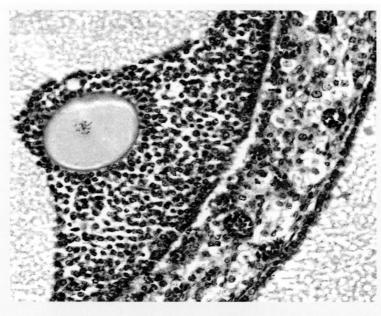

图1-12-10 成熟卵泡

2. 黄体的形成与退化

排卵后，卵泡内的颗粒层细胞和卵泡内膜细胞随同血管一起向卵泡腔内塌陷，卵泡内膜毛细血管破裂，基膜破碎，卵泡腔内含有血液，叫血体（红体），在促黄体生成素（LH）的作用下，颗粒细胞和内膜细胞增殖分化，血液被吸收，形成一个大而富有血管的内分泌细胞团，新鲜时为黄色，称黄体。黄体为圆形的细胞团，外包以致密结缔组织膜（原卵泡膜外层），内部由粒性黄体细胞和膜性黄体细胞及丰富的血管构成。粒性黄体细胞由颗粒层细胞分化而来，细胞较大，呈多角形，着色较浅，胞核呈圆形，染色较深，细胞界线清楚。膜性黄体细胞由卵泡膜内层细胞分化而来，细胞体积较小，着色较深（图1-12-11）。两种黄体细胞的胞质内都含有黄色类脂颗粒，因制片时类脂颗粒被溶解而呈空泡状。

3. 卵泡的闭锁

在正常情况下，卵巢中绝大部分卵泡不能发育成熟及排卵，它们在发育的不同阶段逐渐退化，这种退化的卵泡称为闭锁卵泡（图1-12-12）。

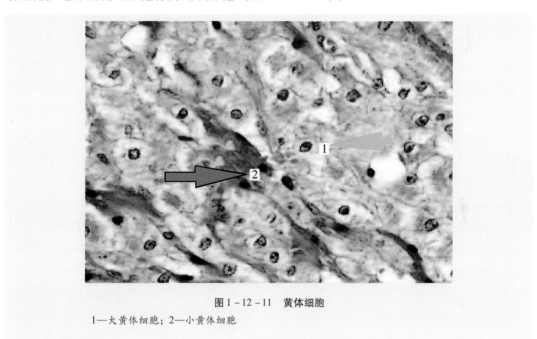

图1-12-11　黄体细胞

1—大黄体细胞；2—小黄体细胞

三、输卵管

输卵管为输送卵子和精子的通道，分漏斗部、壶腹部、峡部。管壁结构由黏膜、肌层、浆膜组成（图1-12-13）。

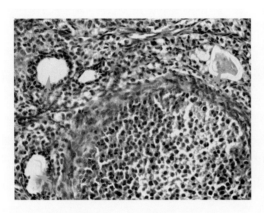

图 1 – 12 – 12 　闭锁卵泡

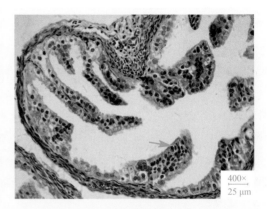

400×
25 μm

图 1 – 12 – 13 　输卵管（示单层柱状上皮）

四、子宫

　　子宫是胚胎附植及孕育胎儿的地方。子宫包括子宫角、子宫体、子宫颈。结构为内膜、肌层、外膜三层。由内到外观察子宫壁结构，内膜腔面上皮呈高柱状，它下陷于固有层结缔组织中形成很多长、短不等的子宫腺。肌层很厚，由内环行和外纵行的平滑肌构成。两肌层之间是一厚层疏松结缔组织，内含很多较大的血管，即血管层，这是子宫壁结构的特点。血管层内常夹有一些斜行肌，最外层是浆膜。

　　子宫内膜的周期性变化分为五个阶段：发情前期、发情期、发情后期、发情间期、休情期（图 1 – 12 – 14、图 1 – 12 – 15）。

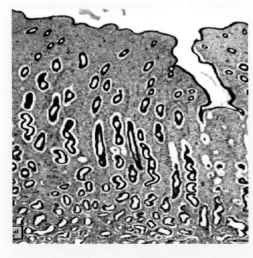

图 1 – 12 – 14 　子宫腺增生期

图 1 – 12 – 15 　子宫腺分泌期

五、阴道

阴道的黏膜为复层扁平上皮，固有层无腺体。肌层平滑肌排列不规则。外膜为纤维膜。

六、思考题

1. 卵泡发育分哪几个阶段？光镜下如何区别？
2. 精子的发育分哪几个阶段？光镜下如何区别？
3. 简述精子和卵子发生过程的异同点。

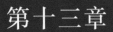

第十三章

家禽重要器官组织学特点

本章主要介绍家禽特有重要器官的组织结构，包括法氏囊、腺胃、肌胃、肝脏、肺脏、肾脏等器官组织结构特点。

一、法氏囊

法氏囊又叫腔上囊，是禽类特有的中枢淋巴器官，位于泄殖腔背侧，盲囊状，有一短管与肛道相通，形态呈球形（鸡）或卵圆形（鸭），幼禽较发达，性成熟时体积最大，以后逐渐退化。

1. 腔上囊的组织结构

腔上囊起源于泄殖腔，其囊壁结构与消化管相似，由内向外依次为黏膜、黏膜下层、肌层、外膜四层（图1-13-1）。

（1）黏膜：由上皮和固有层构成，无黏膜肌，黏膜和部分黏膜下层向囊腔突起，形成较大的纵行皱襞。鸡有9～12条皱襞，鸭有2～3条皱襞。

①上皮：假复层柱状上皮，局部为单层柱状上皮，其间无杯状细胞。

②固有层：有许多密集排列的腔上囊小结，小结为圆形、卵圆形或不

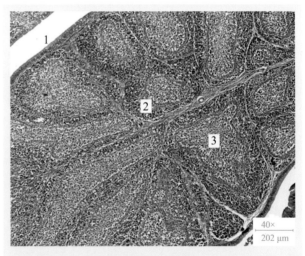

图1-13-1 法氏囊

1—黏膜上皮；2—皮质；3—髓质

规则形，是一种淋巴上皮小结，每个小结由周边的皮质和中央的髓质及介于两者之间的一层上皮细胞构成。小结靠近基膜的皮质内有一层毛细血管网分布，毛细血管是淋巴细胞由皮质迁出的重要通道。

（2）黏膜下层：较薄，参与形成黏膜皱襞，在皱襞中央构成中轴。

（3）肌层：由内环外纵两层平滑肌构成。由内环、外纵两层平滑肌构成。

（4）外膜：为浆膜。

2. 腔上囊的功能

腔上囊是培育B淋巴细胞的场所。

二、腺胃

腺胃又叫前胃，纺锤形，有四层结构（图1-13-2），由内至外分别为：

（1）黏膜：表面有圆形乳头，乳头的中央有腺胃腺的开口。

①上皮：为单层柱状上皮，胞质弱嗜碱性，可分泌黏液。

②固有层：内含管状腺和淋巴组织，黏膜上皮向固有层内凹陷，形成单管状腺或分支管状腺（图1-13-3）。

③黏膜肌：由纵行平滑肌构成。

（2）黏膜下层：较厚，有较多复管状的腺胃腺，相当于家畜的胃底腺，每个腺体的中央有集合窦，集合窦的周围有放射状排列的腺小管，腺小管由单层腺细胞构成（图1-13-4）。

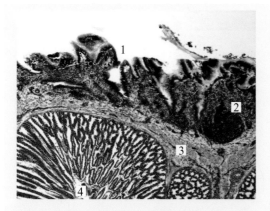

图1-13-2 腺胃

1—黏膜上皮；2—固有层；3—黏膜肌；4—腺胃腺

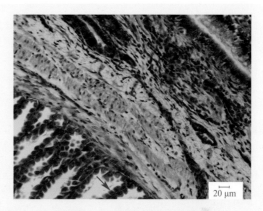

图1-13-3 腺胃黏膜层和黏膜下层

1—黏膜上皮；2—腺胃腺

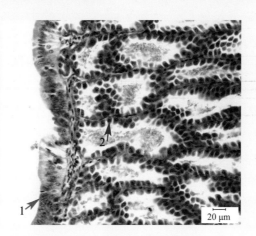

图1-13-4 腺胃黏膜下层腺胃腺

1—黏膜上皮；2—腺胃腺

（3）肌层：由内纵、中环、外纵三层平滑肌构成。

（4）外膜：为浆膜。

三、肌胃

肌胃内常含有吞食的沙砾，又叫砂囊。其结构分为以下四层：

（1）黏膜：由上皮和固有层构成，无黏膜肌。

①上皮：为单层柱状上皮，上皮下陷形成许多漏斗状的隐窝。

②固有层：内有许多平行排列的细而直的分支管状腺，即肌胃腺，又叫砂囊腺。腺管由单层上皮构成，腺细胞呈柱状或立方形，胞核位于细胞基部，胞质嗜酸性（图1-13-5）。

（2）黏膜下层：由细密结缔组织构成。

（3）肌层：由发达的平滑肌构成，主要是环行肌。整块肌肉分为四块：两块很厚的侧肌和两块较薄的中间肌，彼此借腱组织连接（图1-13-6）。

（4）外膜：为浆膜，浆膜下有神经丛分布。

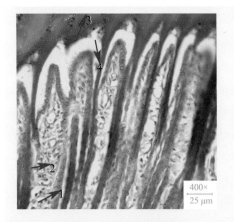

图1-13-5　肌胃黏膜层

1—肌胃腺；2—固有层；3—类角质层；4—隐窝

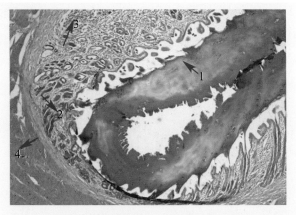

图1-13-6　肌胃肌层

1—类角质层；2—肌胃腺；3—淋巴小结；4—肌层

四、肝

肝分左右两叶，每叶各有一肝门，肝动脉、门静脉、肝管由此进出。左叶肝管开口十二指肠，右叶肝管开口胆囊，胆囊发出胆管开口于十二指肠。

鸡肝的组织结构特点：

①肝小叶分界不清。

②以中央静脉为中心，由一层肝细胞围成肝细胞管作辐射状排列，相互吻合，肝细胞管中央有一小管为胆小管，肝细胞管之间的间隙为肝血窦，窦壁由内皮构成（图1-13-7）。

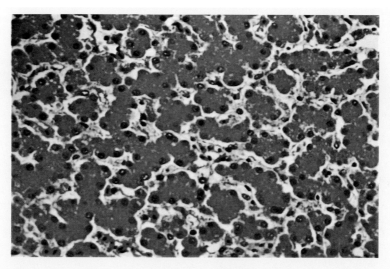

图 1-13-7 禽肝细胞

③肝细胞呈锥体形，胞核大而圆，位于窦周隙一侧。
④肝内淋巴组织丰富。

五、肺

肺体积不大，不分叶，紧贴胸腔背侧。肺表面被覆浆膜，被膜结缔组织深入肺实质内形成肺间质。肺的实质由初级支气管、次级支气管、三级支气管、肺房、肺毛细管组成。每条三级支气管及所属分支共同构成一个肺小叶。

①初级支气管：又叫中央支气管，表面是假复层纤毛柱状上皮，有泡状黏液腺和杯状细胞，外膜透明，软骨减少，平滑肌增多。

②次级支气管：黏膜上皮为单层纤毛柱状上皮，泡状腺和杯状细胞逐渐减少，淋巴组织减少，平滑肌增多。

③三级支气管：又叫副支气管，是肺小叶的中心，黏膜表面为单层立方或单层扁平上皮（图1-13-8）。

④肺房：为不规则囊腔，相当于哺乳动物的肺泡囊，肺房内壁为单层扁平上皮，肺房底部形成漏斗，与肺毛细管相通。

⑤肺毛细管：为弯的细长盲管，管壁为单层扁平上皮，周围有丰富的毛细血管围绕，是实现气体交换的场所。气血屏障较薄，由肺毛细管上皮、毛细血管内皮及共同的基膜构成。

气囊是禽类特有的器官，由初级支气管或次级支气管的黏膜向外生长并膨大形成。囊壁很薄，内衬单层立方或柱状上皮，外覆浆膜，囊壁血管分布很少，无气体交换功能，但有储存气体、减轻体重、散发体温、增大发音气流等作用。

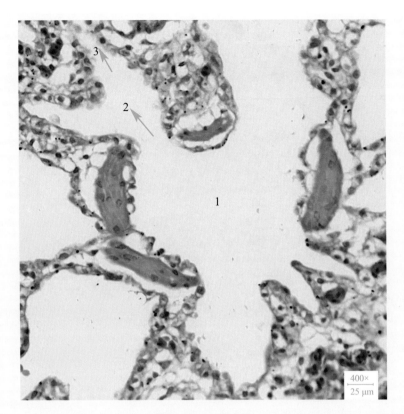

图 1 – 13 – 8　肺小叶

1—三级支气管；2—肺房；3—肺房底部

六、肾和输尿管

1. 肾

肾呈红褐色，长条状，分为前、中、后三部分，表面无完整的被膜，无典型的肾锥体和肾叶结构，无明显的周边皮质和中央髓质之分，无肾盏、肾盂和肾门，血管、神经和输尿管从不同部位进出肾。

肾的表面有极薄的结缔组织被膜，实质主要由大量的肾小叶构成，每个肾小叶形似倒梨形，顶部宽大，内有许多肾单位，叫皮质；基部狭小，主要由集合小管和髓袢构成，叫髓质。在肾小叶皮质的中央有一条较大的中央静脉穿行。肾单位分为皮质肾单位和髓质肾单位，两者的主要区别是前者无髓袢（图 1 – 13 – 9、图 1 – 13 – 10）。

2. 输尿管

输尿管由黏膜、肌层和外膜构成，黏膜上皮是变移上皮，固有层内有淋巴组织。禽类无膀胱，输尿管直接通连泄殖腔。

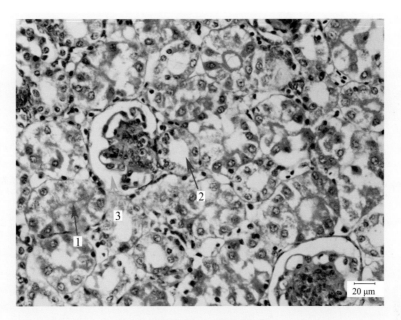

图 1 – 13 – 9　肾单位

1—近曲小管；2—远曲小管；3—肾小囊腔

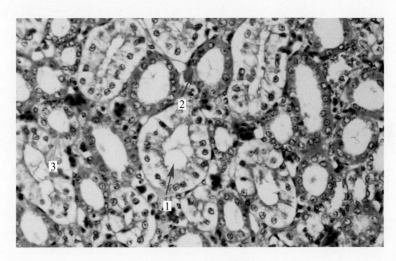

图 1 – 13 – 10　肾髓质

1—集合管；2—近直小管；3—远直小管

七、思考题

1. 家禽和家畜肺组织结构的区别是什么？光镜下如何区别？
2. 家禽和家畜肾组织结构的区别是什么？光镜下如何区别？

附录 1

石蜡切片制备方法

石蜡切片技术是研究组织学、胚胎学和病理学等学科最基本的方法。制备步骤是：从动物体取下小块组织，经固定、脱水、浸蜡、包埋和切片等处理，把要观察的组织或器官切成薄片，再经不同的染色方法，以显示组织的不同成分和细胞的形态，达到既易于观察、鉴别，又便于保存的目的。石蜡切片是教学和科研常用的方法，其具体步骤如下。

一、取材与固定

取材应选择健康动物，放血或其他方法致死，立即从胸、腹正中线剖开胸、腹腔，分别剪取所需部位的器官组织，投入固定液中固定。固定的目的在于借助固定液中的化学成分，使组织、细胞内的蛋白质、脂肪、糖和酶等各种成分沉淀或凝固而保存下来，使其保持生活状态时的形态结构。取材的大小，一般以不超过 5mm³ 为宜。柔软组织不易切成小块，可先取较大的组织块，固定数小时后再分割成小块组织继续固定。取材时要注意保持器官的完整性。小器官如淋巴结、肾上腺、垂体等要整体固定，睾丸亦需整体固定后再分割成小块。

固定液的种类很多，有单一固定液和混合固定液之分。实验室常用的单一固定液是10% 福尔马林固定液（取市售 37% ～ 40% 甲醛饱和水溶液 10mL，加蒸馏水 90mL 配成）；混合固定液如 Bouin 固定液（配方：苦味酸饱和水溶液 75mL、4% 甲醛溶液 20mL、冰醋酸 5mL，临用时将三液混合而成）。

此外，乙醇、重铬酸钾也是切片制作常用的固定剂。

二、修组织块与冲洗

新鲜组织柔软，不易切成规整的块状。组织固定后因蛋白质凝固产生一定硬度，即可用单面刀片把组织块修整成所需要的大小。

冲洗的目的在于把组织内的固定液除去，以免残留的固定液妨碍染色，或产生沉淀，影响观察。甲醛固定的材料常用自来水冲洗，若同时冲洗多种组织块，则可分别置于脱水框内，同时标记清楚，以免混淆。冲洗时间与固定时间相同。Bouin 固定液的材料，用70% 乙醇冲洗，可在乙醇中加入几滴氨水或碳酸锂饱和水溶液，以除去苦味酸的黄色。

三、脱水与透明

脱水的目的在于用乙醇（脱水剂）完全除去组织内水分。实验室常从 70% 乙醇开始脱水，经过 80%、90%、95% 至无水乙醇逐级更换，最后完全把组织中的水分置换出来。脱水必须在有盖瓶内进行，高浓度乙醇很容易吸收空气中的水分，应定期更换。每级乙醇脱水时间为 1 ～ 2h，但高浓度乙醇，尤其是无水乙醇，易使组织变脆，故应控制在 2h 以内（即经二次无水乙醇脱水，每次 1h）。

由于乙醇与石蜡不能相溶，故在浸蜡前要对组织块中的乙醇进行置换，使组织中的乙醇被透明剂所替代，才能浸蜡包埋。所用的透明剂要求能与乙醇和石蜡相溶，并能增大组织块的折光系数，使透明后的组织呈半透明状。常用的透明剂有二甲苯、苯、氯仿等。二甲苯透明力强，作用快，但对组织收缩大而导致组织变硬变脆，所以组织块不能在内停留过久，一般先将组织块放于无水乙醇与透明剂（1:1）的混合液内浸泡 10 ～ 30min，再移入透明剂 I、II 中各浸泡 10min。

四、浸蜡与包埋

浸蜡的目的在于除去组织中的二甲苯而代以石蜡。石蜡作为一种支持剂浸入组织内部，凝固后使组织变硬，便于切成薄片。浸蜡需在温箱内进行，先将市售石蜡（熔点 54 ～ 56℃）放入 56 ～ 58℃温箱内熔化，再把经过透明处理的组织块投入熔化的蜡中，经 4 ～ 6 次更换石蜡，每次 30min，总浸蜡时间为 2 ～ 3h，便可完全置换出组织内的二甲苯。注意：浸蜡时间不宜过长，石蜡温度不可过高，否则会使组织变脆，难以切成薄片。

包埋是把浸好蜡的组织块转入石蜡中，使其冷却凝固形成包有组织的蜡块。

包埋前准备：包埋用石蜡（其温度应比浸蜡用的石蜡温度稍高，冬季尤应如此）、数个包埋器（一般多用金属包埋框）、小镊子、一盆冷水、酒精灯和火柴等。

方法：先从温箱取出包埋用石蜡倒入包埋盒中，再用温热镊子把浸好蜡的组织块迅速移入包埋盒中（切忌组织块暴露于空气中过长时间，否则组织表面的蜡凝固而影响切片），用镊子调整好切面（切面朝下）和组织块间的距离，最后向蜡面吹气，待蜡面形成一层薄膜时，两手端平包埋框，迅速浸入水中，待其完全凝固成均匀的半透明状后取出待用，或用包埋机进行包埋。

五、修蜡块和切片

把包有组织块的长条蜡块，用单面刀片分割成以组织块为中心的正方形或长方形，然后在蜡块底面（即切面）修成以组织块为中心、组织块边距为 2mm、高为 3 ～ 5mm 的正方形或长方形蜡块。蜡块相对的两个边必须平行，否则切片蜡带将不规整。室温过低或石蜡过硬，蜡带易断；室温高蜡过软，切片不易操作。刀口太钝或不清洁，刀的角度太大或石蜡过硬，蜡片均会卷起。

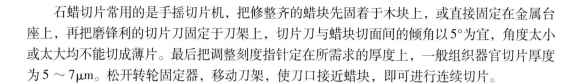

石蜡切片常用的是手摇切片机，把修整齐的蜡块先固着于木块上，或直接固定在金属台座上，再把磨锋利的切片刀固定于刀架上，切片刀与蜡块切面间的倾角以5°为宜，角度太小或太大均不能切成薄片。最后把调整刻度指针定在所需求的厚度上，一般组织器官切片厚度为 5 ～ 7μm。松开转轮固定器，移动刀架，使刀口接近蜡块，即可进行连续切片。

六、展片与贴片

用单面刀片将从切片机上取下的连续蜡带分成一个个蜡片，在涂有甘油蛋白的载玻片上滴入 1 ～ 2 滴蒸馏水，用昆虫针、大头针或小镊子提取蜡片，置于载玻片的水面上，然后在酒精灯上稍加热（或放在展片台上加热，亦可把蜡片直接置于 40 ～ 45℃水中展片），待蜡片的皱褶完全展平时（勿使蜡片溶解），倾斜载玻片除去多余的水分（或用载玻片捞取水中蜡片），并放入 40℃烘箱内烘干待用。

七、染色

先把染料配成水溶液或醇溶液，然后把烘干的经脱蜡后的切片浸于其中。其目的在于使组织或细胞的不同结构着色各异，产生明显的对比度，便于在光学显微镜下进行观察。教学和科研最常用的染色方法之一是苏木精——伊红（HE）染色法。

（一）染色前的准备工作

1. 配制 Delafield's 苏木精染色液

取苏木精 4g、无水乙醇 25mL、铵矾（硫酸铝铵）40g、蒸馏水 400mL。

配制时先把苏木精溶于无水乙醇，铵矾溶于蒸馏水（加热使之完全溶化）。冷却后将两液混合装入瓶中，瓶口包以双层纱布，静置于阳光下或窗前阳光处数天，使苏木精充分氧化，过滤，在滤液中加入甲醇和甘油各 100mL，摇匀再放数日，1 ～ 2 个月成熟，过滤后染色液能长久保存。

2. 配制伊红（曙红）染色液

实验室一般常用的伊红溶液：伊红 1g，溶于 99mL 95% 乙醇或溶于 100mL 蒸馏水中。

3. 配制 90%、80%、70% 乙醇及酸乙醇

方法：分别取 95% 乙醇 90mL、80mL 和 70mL，分别加入 5mL、15mL 及 25mL 蒸馏水即成。酸乙醇则在 70% 乙醇中加入几滴浓盐酸即成。

4. 切片的染色前处理

烘干的切片在二甲苯中溶蜡，在各级浓度乙醇中逐步复水，方可染色。

方法：切片经二甲苯Ⅰ、Ⅱ（各 5 ～ 10 min）脱蜡 → 无水乙醇Ⅰ、Ⅱ（各 2 ～ 5 min）→ 95%、80%、70% 乙醇（各 2 ～ 5min）→ 蒸馏水洗去酒精，待染色。

（二）苏木精染色

将复水后的切片置于 Delafield's 苏木精原液中，染 10 ～ 20 min（染 5 ～ 10 min 后可

取样镜检，胞核着深紫红色，清晰可见即可）→自来水洗去残留染料（5～10min）→蒸馏水洗2min→1%盐酸酒精分色3～30s（严格控制时间，否则将导致完全脱色，分色后的切片为淡紫红色）→自来水蓝化（30min至数小时，切片从淡紫红色转变为鲜艳的蓝色即可）→蒸馏水洗2min，待染伊红。

（三）伊红染色

从蒸馏水中取出切片，置于70%、80%、90%、95%乙醇中逐级脱水各2～5 min→伊红酒精染色液1～5min（当伊红不易染色时，可在伊红染色液中滴加几滴冰醋酸，以增强其染色力）→95%乙醇Ⅰ，Ⅱ数秒至1min，除去残留染料及分色→无水乙醇Ⅰ，Ⅱ各2～5min→二甲苯Ⅰ，Ⅱ透明各2～5min。（其他染色法，如镀银法、铁苏木精染色、Best卡红染色等染色法，与HE染色相似，可参照其他组织学制片书籍）

八、封片

从二甲苯Ⅱ中逐个取出载玻片，分辨出正面（有组织一面）和底面，然后向组织切片上滴加1～2滴树胶（封片剂）。用镊子夹取一干净盖玻片，倾斜地盖在树胶上（注意防止气泡侵入组织内）。然后平放于木盒内，烘干或自然干燥即可镜下观察。

附录2

血涂片的制作方法

一、准备

玻片经肥皂水或洗衣粉水洗净，然后用自来水反复冲洗，置于95%乙醇中浸泡1h，擦干或烘干备用。配瑞氏染液、磷酸盐缓冲液或蒸馏水。

二、采血

大动物颈静脉采血，小动物心脏采血，先在干净的试管内加入3.8%枸橼酸钠溶液2mL，后采血样18mL，摇匀待用。亦可用针刺滴血。

三、推片

取血1滴滴于玻片右侧，将另一光边玻片的一端，放在血滴左缘，并逐渐后移接触血滴，血液立即沿推片散开，然后将推片与载片保持30°～45°角，平稳地向前推动，至玻片另一端，载玻片上便留下一层血膜。良好的血膜像舌头，头、体、尾鲜明，厚薄适宜，分布均匀，边缘整齐，两侧留有空隙。

四、染色

常用瑞特氏（Wright's）染色。
①血涂片制成后，需待干燥后方可染色。
②在血膜上滴加几滴瑞特氏染色液，左右晃动，使染液完全覆盖血膜。
③1～2min后，滴加等量磷酸盐缓冲液或蒸馏水，2～3min后可见表面有金属光泽，5min后即可用清水轻轻冲去染液，待血片自然干燥或用滤纸吸干。在正常的情况下，血膜外观染成粉红色。
④镜检：先在低倍镜下检查血片的染色是否合格，血细胞分布是否均匀等，然后换高倍镜或油镜逐步进行观察。
⑤染色结果：在显微镜下，红细胞呈粉红色，白细胞胞质能显示出各种细胞特有的嗜酸碱性和结构，细胞核呈紫蓝色，染色质清楚，粗细可辨。

五、瑞特氏染色液的配制

将瑞特氏染料 0.1g 放在研钵内研磨，磨细后将甲醇 50 ～ 60mL 逐渐加入研钵内，边加边研磨，直至染料全部溶解，然后装入棕色小口瓶。新配制的染色液一周后可用。

六、磷酸盐缓冲液配制

甲液：KH_2PO_4 27.218g 溶于 1 000mL 蒸馏水中；乙液：$Na_2HPO_4 \cdot 12H_2O$ 28.428g 溶于 1 000mL 蒸馏水中。临用时取甲液 73.5mL 与乙液 26.5mL 混合，再加蒸馏水至 200mL，即成 pH 值为 6.4 的磷酸盐缓冲液。

下 篇

动 物 病 理 学 图 谱

第一章

动物病理学绪论

　　近年来，动物病理学的研究方法得到快速的发展，流式细胞术、原位荧光杂交技术、原位分子杂交技术、分析电镜技术、形态测量（图像分析）技术等新技术的应用，使常规的病理研究从形态学观察发展到将形态结构的改变与组织、细胞的化学变化相结合，从定性研究发展到对病理改变进行形态和成分的定量研究，极大地拓展和深化了动物病理学的研究范畴。但目前形态学研究仍然是动物病理学最基本的、不可或缺的主要研究方法，对于本科学习阶段的同学，掌握经典的形态学观察方法尤为重要。

一、病理大体标本的观察方法

　　病理大体标本的观察方法主要是运用肉眼或辅之以放大镜、量尺、各种衡器等辅助工具，对组织器官及其病变性状（大小、形状、色泽、重量、表面及切面状态、病灶特征及硬度等）进行细致的观察和检测。这种方法简便易行，有经验的病理及临床工作者往往能借大体观察而确定或大致确定病变性质。组织器官因发生各种病变，其大小、色泽、硬度等与正常状态不同，因而观察大体标本时，首先需要正确识别脏器，再对照其正常形态结构进行全面观察。需要注意的是：如果大体标本经甲醛等浸泡固定，其颜色和硬度等会发生变化，在观察时要注意辨别。

　　1. 表面与切面的情况

　　（1）颜色：鲜红、暗红或苍白、灰白、灰黑或灰黄、深黄、棕黄或色彩斑驳等。

　　（2）包膜：器官的包膜是变薄还是增厚、透明还是浑浊、弹性有无改变等。

　　（3）光滑度：平滑或是粗糙、有无颗粒状隆起。

　　（4）质地：软、坚实、硬、松脆等。

　　2. 病灶的情况

　　（1）定位：在器官上的位置。

　　（2）数量、分布：单个或多个、局部还是弥散。

　　（3）颜色：以该器官生理状态下的色泽为标准。器官色泽的变化可由于含血量的多少、内源性或外源性的色素影响及变性、坏死所致。

　　（4）大小：体积以"长×宽×厚"来表示，面积以"长×宽"表示，一般以厘米为计量单位。病灶的大小也可以常见的实物大小来表示，如粟粒大、蚕豆大、鸡蛋大等。

　　（5）与邻近组织的关系：与周围组织境界清楚或模糊，周围组织有无受压迫或破坏等。

（6）其他：如是空腔器官，还应注意器官的壁是增厚还是变薄、内壁粗糙或平滑、有无突起等，腔内容物的颜色、性质、大小、容量、数量，器官外壁有无粘连等。

二、病理组织切片标本的观察方法

病理组织切片标本的观察是最常用的研究动物疾病的手段之一。将病变组织制成厚数微米的切片，经不同方法染色后用显微镜观察其细微病变，提高肉眼观察的分辨能力，从而加深对疾病和病变的认识。同时，由于各种疾病和病变本身往往具有一定程度的组织形态特征，故常可借助组织学观察来诊断疾病。切片的常规染色方法为苏木素－伊红（HE）染色。本书中组织学病变图注中除特殊染色方法外，未注明的均为 HE 染色。在观察病理切片时，首先要看清切片的片名、片号和组织块的大致形状，肉眼观察组织切片中病理组织的形态，找出病灶，观察病灶着色情况；再用低倍镜浏览病变组织全貌，确定组织、器官，寻找病灶部位，确定病变性质和分布情况。观察时上下左右扫视全片，切忌一开始即用高倍镜观察。然后用高倍镜重点观察主要病变，对组织和细胞的形态、微细结构的变化做深入细致的观察。之后再观察切片上的其他变化，并扼要分析其发生机理。

第二章

血液循环障碍

　　血液将各种营养成分输入全身各器官组织，又将各器官组织的代谢产物输出，以维持机体的正常运转。一旦血液循环出现障碍，必将对全身各部位带来不同程度的损伤。

　　血液循环障碍及其所引起的病变是疾病的基本病理改变，出现在许多疾病过程中：

　　（1）血管内成分逸出血管：水肿（组织间隙中水分含量增加）；积液（水分在体腔内积聚）；出血（红细胞逸出血管）。

　　（2）局部组织血管内血液含量异常：充血（动脉血量增加）；淤血（静脉血量增加）；缺血（血管内血量减少）；组织梗死（动脉血流断绝而发生的缺血性坏死）。

　　（3）血液内出现异常物质：血栓（活体内血液凝固形成）；栓塞（血管内出现的空气、脂滴、羊水等异常物质阻塞局部血管）。

一、大体病变图谱

（一）充血

　　因小动脉和毛细血管扩张，使局部组织和器官中出现血量增多的现象，称为主动性充血，简称充血。动脉血含氧合血红蛋白多，养分多，代谢旺盛，因而充血部位颜色鲜红，温度升高，微肿。较大动脉充血呈树枝状（鲜红），可见血管数量增多（图2-2-1）；较小动脉充血呈弥漫状（潮红），与周围组织无明显界限（图2-2-2）。

（二）淤血

　　动脉输入正常，但静脉回流受阻，血液淤积于小静脉和毛细血管，引起局部组织中静脉血含量增多的现象，称被动性充血，简称淤血。它可发生于局部，也可见于全身。

　　（1）皮肤、可视黏膜淤血：呈蓝紫色，常用发绀来形容（图2-2-3）。

　　（2）肝淤血：常因右心机能不全引起。急性肝淤血时肝体积肿大，质地较软，呈蓝紫色，切面流出大量暗红色血液（图2-2-4）；慢性肝淤血时肝小叶中央区淤血（暗红色），肝细胞因缺氧、受压而变性、萎缩或消失，小叶外围肝细胞出现脂肪变性（黄色），在肝切面上构成红黄相间的网络状图纹，状似槟榔切面，故名槟榔肝（图2-2-5）。

　　（3）肺淤血：多见于左心衰竭和二尖瓣狭窄或关闭不全时。眼观肺体积膨大，质地稍变韧，重量增加，被膜紧张而光滑，呈暗红色或紫红色（图2-2-6），在水中呈半浮沉状态。切面常见暗红色、不易凝固的血液流出，支气管内流出灰白色或淡红色泡沫状液体。

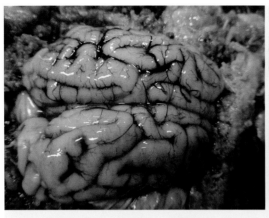

图2-2-1　脑膜充血（非洲猪瘟）

脑膜树枝状充血，色鲜红，可视血管数量增多。

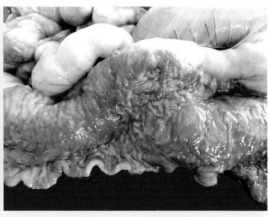

图2-2-2　肠黏膜充血

肠黏膜弥漫性充血，颜色潮红，肠壁肿胀增厚。

图2-2-3　皮肤发绀（猪喘气病）

病猪全身皮肤淤血，蓝紫色，极度发绀。

图2-2-4　急性肝淤血

病猪肝脏肿胀，边缘钝圆，呈蓝紫色。

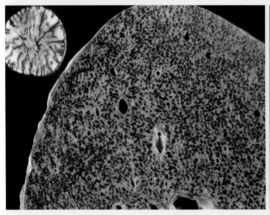

图2-2-5　慢性肝淤血（槟榔肝）

暗红色肝淤血区和黄色肝脂肪变性区构成红黄相间的网络状图纹，状似槟榔切面。

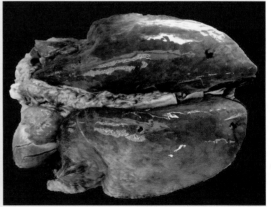

图2-2-6　急性肺淤血

猪肺体积增大，厚度增加，色紫红，压之缺乏捻发感。

（4）肾淤血：肾体积增大，色暗红，被膜血管的血液充盈。切面以髓质部的颜色为深，皮质髓质接合带的颜色暗红。若淤血的原因存在于一侧肾的静脉，则淤血呈单侧性。若静脉血受阻来源于心、肺或后腔静脉，则累及两侧肾（图2-2-7）。

（5）脾淤血：脾是体内最大的贮血器官，各种原因造成的脾血液回流受阻，均可造成脾淤血。眼观脾肿大，颜色暗红，被膜紧张，边缘钝圆，切面隆起，切口外翻。切面见脾髓深红色，用刀背可刮下大量暗红色血液（图2-2-8）。

图2-2-7　急性肾淤血

肾脏体积增大，暗紫色，切面有多量暗红色血液流出。

图2-2-8　慢性脾淤血

脾肿大，颜色暗红，被膜紧张，边缘钝圆，切面隆起，切口外翻。

（三）出血

血液流出心脏或血管之外称为出血（图2-2-9、图2-2-10）。新鲜的出血灶呈红色，以后随红细胞降解形成含铁血黄素而带棕黄色。组织内的局限性出血称为血肿，常形成肿块压迫周围组织；胸腔、腹腔和心包腔等体腔内的出血称积血；分布于体表、黏膜或器官内的点状、斑状出血称瘀点或瘀斑。

（四）梗死

因动脉血流断绝引起局部组织或器官缺血而发生的坏死称为梗死。其主要原因为血栓形成、栓塞和小动脉持续痉挛等引起的血管阻塞，其基本病变为局限性组织坏死。梗死灶的部位、大小和形态，与受阻动脉的供血范围一致。肺、肾、脾等器官的动脉呈锥形分支，梗死灶呈锥体形，其尖端位于血管阻塞处，底部为该器官的表面，在切面上呈三角形；心冠状动脉分支不规则，梗死灶呈地图状；肠系膜动脉呈辐射状供血，故肠梗死呈节段性。

（1）贫血性梗死（白色梗死）：常见于心、肝、脑、肾等侧支循环不丰富的实质性器官。动脉血流断绝后，血管发生反射性痉挛，将器官内的血液挤出，使梗死部位因贫血而呈灰白色。梗死灶形态与发生阻塞的血管分布区域一致，即呈树枝状，或呈扇形、三角形，顶部指向被阻塞的血管部位。灰白色梗死灶与周围分界清楚，其外围往往形成一圈红色的充血反应带，且常伴有炎症出现，因而又称为炎性反应带或者分界性炎（图2-2-11）。

（2）出血性梗死（红色梗死）：常见于侧支循环丰富、结构较为疏松的肠、脾、肺等器官组织。由于梗死灶中常伴有淤血、出血，颜色呈暗红色，故称红色梗死（图2-2-12）。

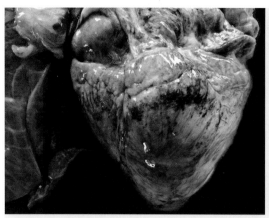

图2-2-9　猪心外膜出血

病猪心耳、心冠沟脂肪和心外膜弥漫性出血。

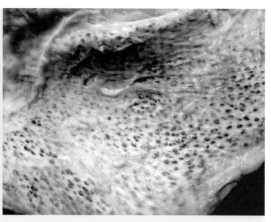

图2-2-10　皮下毛囊出血（猪附红细胞体病）

病猪皮下毛囊呈黄豆至花生粒大小的圆形出血灶，边界清晰。

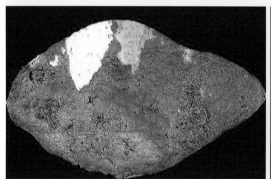

图2-2-11　脾白色梗死

感染性心内膜炎动物脾梗死，部分赘生物脱落栓塞于脾导致脾梗死，基底部位于被膜，呈灰白色、楔形。

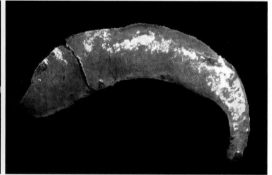

图2-2-12　脾红色梗死（猪瘟）

脾边缘分布数个粟米大、暗红色、稍隆起的病灶。病灶近似圆锥形，锥底在脾的边缘，锥尖指向脾的中部。

（五）血栓

在活体的心脏和血管内，血液成分形成固体质块的过程称为血栓形成，所形成的固体质块称为血栓（图2-2-13、图2-2-14）。与死后血凝块不同，血栓是在血液流动状态下形成的。根据血栓的形成过程和形态特点，血栓可分为白色血栓、混合血栓、红色血栓以及透明血栓四种类型。白色血栓眼观呈灰白色，表面粗糙质实，与发生部位紧密粘着，常构成延续性血栓的头部。混合血栓又称层状血栓，为灰白色与红褐色交替的层状结构，眼观呈粗糙干燥的圆柱状，与血管壁粘连，构成延续性血栓的体部。红色血栓主要见于静脉，常构成延续性血栓的尾部，眼观呈暗红色、湿润、有弹性，与血管壁无粘连，与死后血凝块相似。透明血栓在显微镜下才能见到，又称为微血栓或纤维素性血栓。

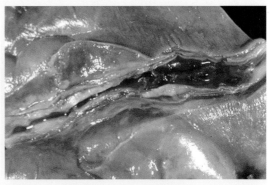

图2-2-13 混合血栓

静脉血管内粗糙、干燥圆柱状血栓阻塞。

图2-2-14 冠状动脉血栓

心脏冠状动脉管腔内见暗红色血栓。

二、组织学病变图谱

（一）急性肝淤血

急性肝淤血常由右心衰竭引起。眼观肝肿胀，暗紫色，切面流出大量暗红色血液（图2-2-4）。肝静脉回流心脏受阻，血液淤积在肝小叶循环的静脉端，致使肝小叶中央静脉及肝窦扩张淤血。光镜下见肝小叶中央静脉和肝窦扩张，充满红细胞（图2-2-15A），严重时可见肝细胞受压萎缩，肝索变细，排列紊乱（图2-2-15B）。

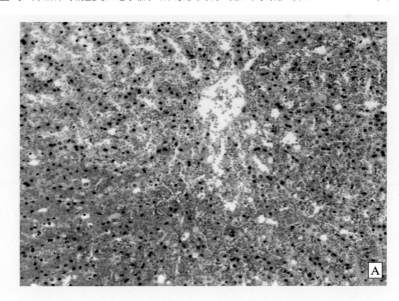

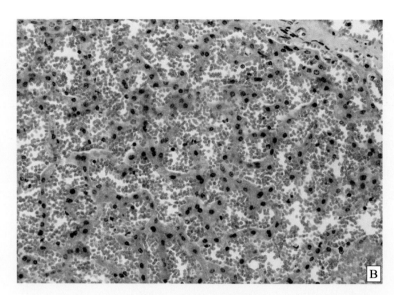

图 2 - 2 - 15　猪急性肝淤血

（二）慢性肺淤血

慢性肺淤血常由左心衰竭引起。眼观肺体积增大、暗红色，切面流出泡沫状红色血性液体，浮游试验时小块肺组织在水中呈半浮沉状态。镜下见肺泡壁毛细血管扩张充血，肺泡壁变厚和纤维化（图 2 - 2 - 16A）。肺泡腔除有粉红色水肿液及数量不等的红细胞外，还可见大量吞噬棕黄色含铁血黄素颗粒的巨噬细胞（图 2 - 2 - 16B），由于这种细胞多见于心力衰竭病例，故称心衰细胞（heart failure cells）。

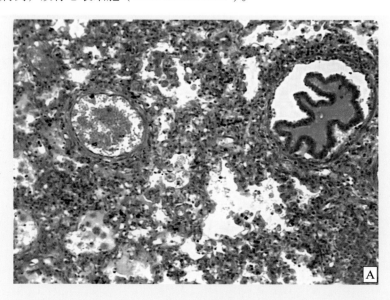

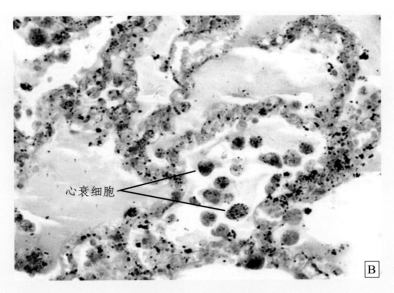

心衰细胞

图 2 - 2 - 16　牛慢性肺淤血

（三）肾间质出血

肾间质出血为渗出性出血，是因缺氧、中毒等原因引起小血管（微动、静脉和毛细血管）管壁通透性增高，红细胞漏出血管外所致。肾间质小血管和毛细血管显著扩张，充血、出血，肾间质有大量红细胞浸润（图 2 - 2 - 17A）；肾小管受压萎缩，肾小管上皮细胞肿胀和脱落，可见棕褐色含铁血黄素沉积（图 2 - 2 - 17B）。

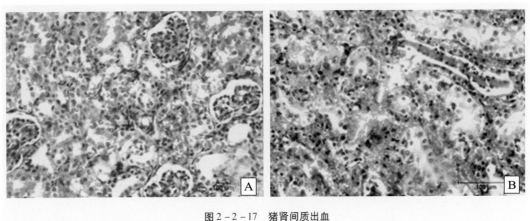

图 2 - 2 - 17　猪肾间质出血

（四）血栓

眼观血栓为条形管状物，阻塞在血管中（图 2 - 2 - 13、图 2 - 2 - 14），其类型取决于形成的过程。

（1）白色血栓：多发生于血流较快的心瓣膜、心腔内、动脉内或静脉性血栓的起始部，即形成延续性血栓的头部。肉眼观呈灰白色小结节，表面粗糙质实，与发生部位紧密粘着。镜下见其主要由血小板及少量纤维素构成，又称血小板血栓或析出性血栓（图2-2-18A）。

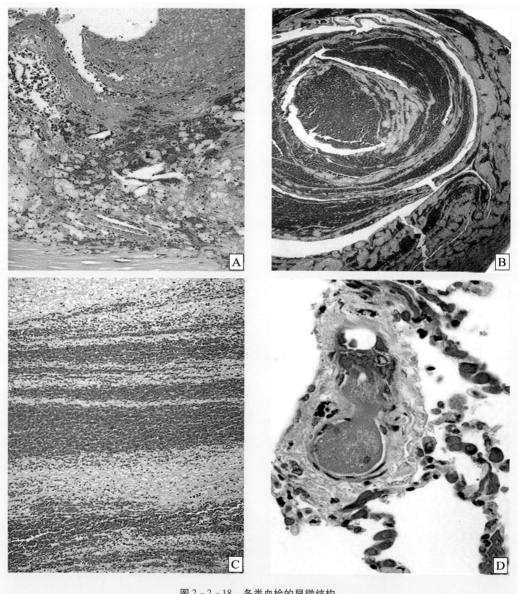

图2-2-18　各类血栓的显微结构

（2）混合血栓：血栓在形成血栓头部后，致其下游血流减慢和血流漩涡，从而再形成一个血小板小梁的凝集堆，在血小板小梁之间，血液发生凝固，纤维素形成网状结构，其内充满大量的红细胞。此过程交替进行，以致形成肉眼观察呈灰白色与红褐色交替的层状结构，称为层状血栓或混合血栓，即形成延续性血栓的体部。镜下可见主要由淡红色或无结构的不规则珊瑚状的血小板小梁和小梁间充满红细胞的纤维素网（图2-2-18B），并可见血小板小梁边缘有较多的中性白细胞黏附（图2-2-18C）。

（3）红色血栓：主要见于静脉，常构成延续性血栓的尾部。肉眼观察与动物死后血凝块相似。经过一段时间，红色血栓由于水分被吸收，变得干燥、无弹性、质脆易碎，可脱落形成栓塞。

（4）透明血栓：是指在微循环血管（主要是毛细血管、血窦及微静脉）内形成的一种主要由嗜酸性同质性的纤维素构成，并有玻璃样光泽的均质无结构血栓，在显微镜下才能见到，又称为微血栓或纤维素性血栓（图2-2-18D）。最常发生于肺、脑、肾和皮肤毛细血管。临床上多见于某些败血性传染病、大面积烧伤、休克、药物过敏和异型输血等引起的弥漫性血管内凝血过程。

第三章

细胞和组织的损伤

正常细胞和组织可以对体内外环境变化等的刺激，表现出形态、功能和代谢等不同的反应性调整。在生理负荷过多或过少时，或轻度持续的病理性刺激时，细胞、组织和器官可表现为适应性变化。若上述刺激超过了细胞、组织和器官的耐受与适应能力，则会出现形态、功能和代谢的损伤性变化。细胞的轻度损伤大部分是可逆的，但严重者也可导致不可逆的细胞死亡。正常细胞、适应细胞、可逆性损伤细胞和不可逆性损伤细胞在形态学上是一个连续变化的过程，在一定条件下可相互转化。适应性变化与损伤性变化是大多数疾病发生发展过程中的基础性病理变化。

当机体内外环境改变超过组织和细胞的适应能力后，可引起受损细胞和细胞间质发生物质代谢、组织化学、超微结构乃至光镜和肉眼可见的异常变化，称为损伤（injury）。细胞可逆性损伤包括萎缩、细胞水肿、脂肪变性、玻璃样变性、淀粉样变性、黏液样变性和病理性色素沉着等；不可逆性损伤则包括坏死和凋亡。

一、大体病变图谱

（一）萎缩

发育正常的组织器官或细胞，由于物质代谢障碍而使其实质细胞体积缩小、数量减少而导致器官组织体积缩小、功能减退的过程，称为萎缩。萎缩的组织器官一般仍然保持原有形态，但是体积缩小，包膜皱缩，质地韧硬（图2-3-1），色泽增深，边缘锐薄（图2-3-2）。腔形器官管壁变薄，管腔增大。

（二）变性

变性是指细胞或细胞间质受损伤后，因代谢发生障碍所致的某些可逆性形态学变化。表现为细胞浆内或细胞间质内有各种异常物质蓄积或正常物质的异常增多，常伴有功能下降。常见的细胞变性有细胞肿胀、脂肪变性（简称"脂变"）及玻璃样变性等；间质的变性有黏液样变性、玻璃样变性、淀粉样变性及纤维素样变性等。

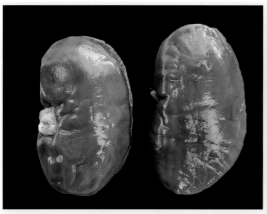

图2-3-1　肾萎缩

猪肾体积减小，表面皱缩，色泽加深。

图2-3-2　肺萎缩

猪肺体积减小，皱缩，色泽加深，边缘锐薄。

发生细胞肿胀的器官，眼观体积增大，边缘变钝，被膜紧张，色泽变淡，混浊无光泽，质地脆软，切面隆起，切口外翻（图2-3-3）。

轻度脂肪变性时眼观病变仅见器官颜色稍显黄色；重度脂肪变性时，器官体积增大，边缘钝圆，表面光滑，质地松软易碎，切面微隆突，呈黄褐色或土黄色，组织结构模糊，触之有油腻感。肝细胞是脂肪代谢的关键部位，最常发生脂肪变性。显著弥漫性肝脂肪变性称为脂肪肝（图2-3-4）。

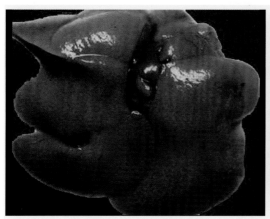

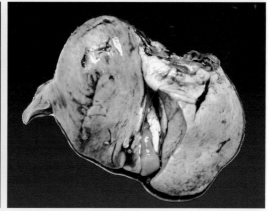

图2-3-3　肝脏细胞肿胀

小鼠肝体积增大，被膜紧张，颜色变淡，质脆易碎。

图2-3-4　脂肪肝

龟肝体积增大，呈泥黄色，边缘钝圆，切面有光泽，质地松软。

（三）坏死

坏死是指活体内局部组织或细胞的病理性死亡，为一种不可逆的病理变化。坏死组织物质代谢停止、机能丧失、结构破坏。

（1）凝固性坏死：是最常见的一种坏死类型（图2-3-5、图2-3-6）。由于水分减少和蛋白质凝固，坏死组织形成一种灰白色或灰黄色、干燥、无光泽的凝固物质。眼观坏死组织肿胀，质地坚实、干燥而无光泽，坏死区界限清晰，呈灰白或黄白色，周围常有暗红色的充血出血带。贫血性梗死即为一种典型的凝固性坏死。

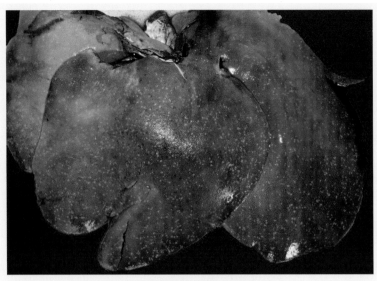

图2-3-5　肝凝固性坏死（猪伪狂犬病）

肝表面和实质中密布白色坏死点，与周围组织分界清晰。

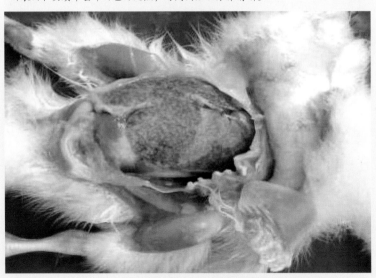

图2-3-6　肝凝固性坏死（番鸭呼肠孤病毒病）

肝肿大，弥散性分布大量白色坏死灶，致使肝颜色变浅，呈灰白色。

　　（2）干酪样坏死：也是一种凝固性坏死，常见于结核分枝杆菌感染。坏死灶质地松软易碎，呈浅黄或灰白色，似干酪样或豆腐渣样（图2-3-7）。

图2-3-7 干酪样坏死（肺结核）

肺实质中出现数个拇指头大小、浅黄色、干酪样、松软易碎的坏死灶。

（3）蜡样坏死：是发生于肌肉组织的凝固性坏死。坏死的肌肉组织肿胀，无光泽，干燥坚实，呈灰红或灰白色，外观似石蜡样，常见于白肌病和口蹄疫等的心脏病变（图2-3-8）。

图2-3-8 蜡样坏死（白肌病）

病鹅腿部肌肉出现条索状或片状坏死灶。坏死灶灰白、无光泽、干燥坚实如石蜡样。

（4）液化性坏死：主要发生在含蛋白少而脂质多（如脑和脊髓）或产生蛋白酶多（如胰腺）的组织（图2-3-9、图2-3-10）。由于蛋白分解酶的作用，坏死组织因酶性分解而迅速溶解液化，使坏死灶软化呈糜状或液状，故脑的坏死被称为"脑软化"。化脓、脂肪坏死和由细胞水肿发展而来的溶解性坏死都属于液化性坏死。

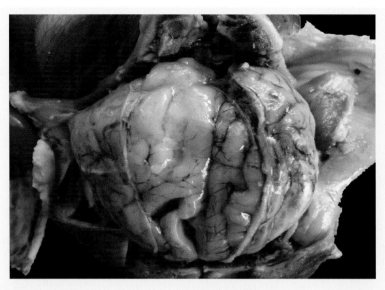

图 2 - 3 - 9　脑液化性坏死

病猪侧脑室略增大，室壁凹凸不平，呈糜烂状。切开见白色乳糜状液体流出。

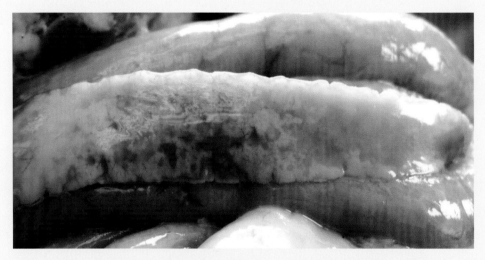

图 2 - 3 - 10　胰腺坏死（禽流感）

病鸡胰腺大面积坏死，坏死灶呈半透明状（液化性坏死）。

（四）坏疽

坏死组织受到外界环境影响和不同程度腐败菌感染所引起的变化，称为坏疽。

（1）干性坏疽：多发生于体表皮肤（四肢、耳壳、尾根）。一般是因局部血液循环障碍，导致组织因缺血而坏死。坏死灶暴露于空气中，因水分蒸发而变硬、干燥、收缩，外观呈棕黑色，与正常组织分界清楚（图 2 - 3 - 11）。最后可以完全与活组织分离脱落。例如冻伤、亚急性猪丹毒的皮肤病变等。

（2）湿性坏疽：常见于与外界相通的器官（胃、肠、肺、子宫）坏死时。由于坏死组织含水分多，继发腐败菌感染后，引起严重的腐败分解过程，使坏死组织呈糊状，甚至完全液化。外观呈污灰色、绿色或黑色，有恶臭（图2-3-12）。湿性坏疽与正常组织往往没有明显界限，而且由于腐败与细菌毒素被机体吸收，可引起自体中毒。例如腐败性子宫炎（图2-3-13）。

（3）气性坏疽：是特殊类型的湿性坏疽。大多由深部创伤（阉割、战伤）感染厌气菌（产气荚膜杆菌、恶性水肿杆菌）引起。厌气菌在腐败过程中，产生大量气体（H_2，CO_2，N_2等），形成气泡，使坏死组织呈蜂窝状，有捻发音（图2-3-14）。气性坏疽可引发全身性中毒，导致动物迅速死亡。

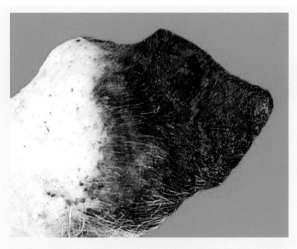

图2-3-11 干性坏疽

病猪耳壳变硬、干燥、收缩、外观呈黑色。

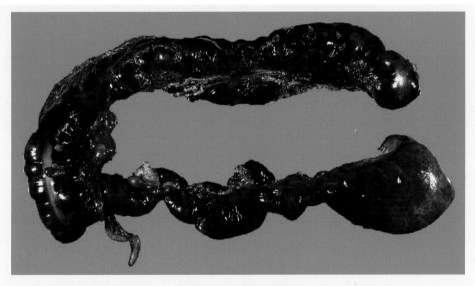

图2-3-12 湿性坏疽

病变肠段呈污黑色，有恶臭，与正常组织分界不清。

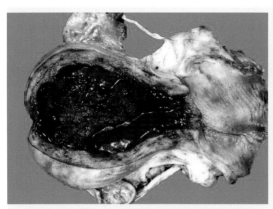

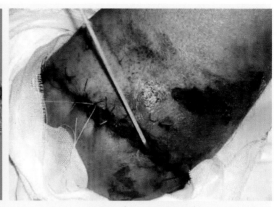

图 2 - 3 - 13　腐败性子宫炎（湿性坏疽）

图 2 - 3 - 14　气性坏疽

气性环疽组织明显肿胀，污黑色，有捻发音。

二、组织学病变图谱

（一）肝细胞肿胀

肉眼观察肝体积增大，包膜紧张，切面外翻，颜色变淡（图 2 - 3 - 3）。病变初期，因肝细胞内线粒体和内质网肿胀，肝细胞体积增大，胞质空虚，肝窦受压萎缩甚至消失（图 2 - 3 - 15A），光镜下可见细胞质内出现红染细颗粒状物，又称颗粒变性（图 2 - 3 - 15B）；若水钠进一步积聚，则细胞肿大明显，细胞质高度疏松，呈空泡状，又称空泡变性或水泡变性；其极期称为气球样变，肝细胞显著肿大，细胞质空白（图 2 - 3 - 15C），细胞核也可发生肿胀，悬浮于细胞中，此时应注意与肝脂肪变性（图 2 - 3 - 16B）区别。

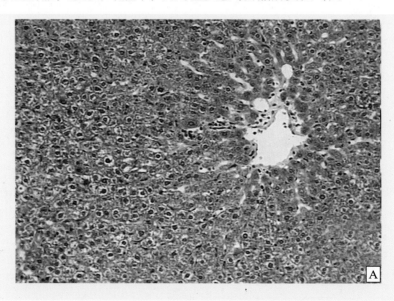

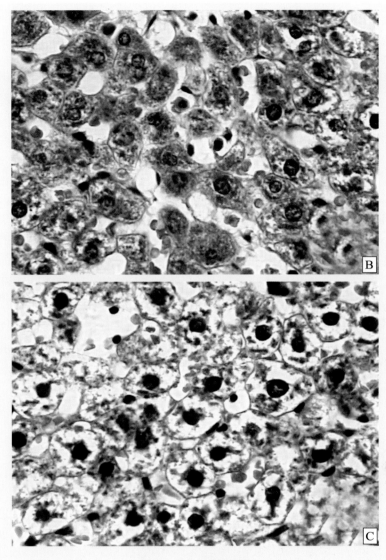

图2-3-15 肝细胞肿胀

（二）肝脂肪变性

脂肪变性主要发生于肝、肾、心脏等实质性器官。肝是脂肪代谢的重要场所，最常发生脂肪变性。显著弥漫性肝脂肪变性称为脂肪肝，重度肝脂肪变性可继发进展为肝坏死和肝硬化。肉眼观察为肝体积增大，质地松软，黄褐色或土黄色，表面及切面有油腻感（图2-3-4）。光镜下见肝细胞体积肿大，细胞质中出现大小不等的球形脂滴（图2-3-16A），大者可充满整个细胞，胞核常呈半月形位于细胞的一侧，如同戒指状，肝血窦受压贫血（图2-3-16B）。在石蜡切片中，因脂肪被有机溶剂溶解，故脂滴呈空泡状。在冰冻切片中，应用特殊染色可将脂肪与其他物质区别开来，苏丹Ⅲ、苏丹Ⅳ等可将脂肪染成橘红色（图2-3-16C），锇酸将脂肪染成黑色（图2-3-16D）。

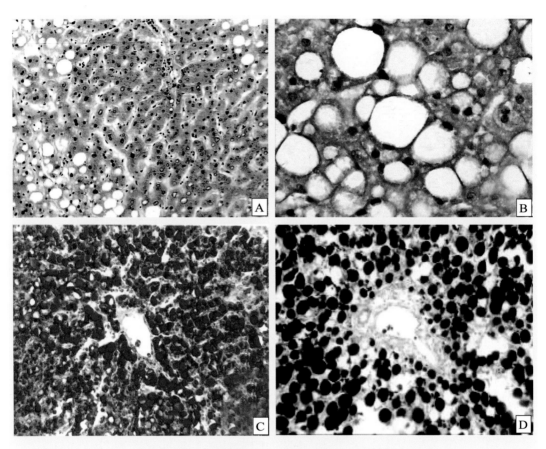

图 2 - 3 - 16 肝脂肪变性（C. 苏丹Ⅲ染色，D. 锇酸染色）

（三）肾小管上皮细胞玻璃样变性

细胞内或间质中出现半透明状蛋白质蓄积，称为玻璃样变性或透明变性，HE 染色呈现嗜伊红均质状。玻璃样变性是一组形态学上物理性状相同，但化学成分、发生机制各异的病变。肾小管上皮细胞具有吸液作用的小泡，重吸收原尿中的蛋白质，与溶酶体融合，形成鲜红色、均质的球形小体，即玻璃样小滴，其边缘整齐光滑，似水滴，有透明感，位于细胞质内（图 2 - 3 - 17 A），细胞破裂时释放于管腔中，并相互融合凝集成透明管型（图 2 - 3 - 17B）。

（四）坏死的形态变化

（1）细胞核的变化：是细胞坏死的主要形态学标志，主要有三种形式（图 2 - 3 - 18）。①核固缩（pyknosis）：细胞核染色质 DNA 浓聚、皱缩，使核体积减小，嗜碱性增强，提示 DNA 转录合成停止。②核碎裂（karyorrhexis）：由于核染色质崩解和核膜破裂，细胞核发生碎裂，使核物质分散于胞质中，亦可由核固缩裂解成碎片而引起。③核溶解（karyolysis）：非特异性 DNA 酶和蛋白酶激活，分解核 DNA 和核蛋白，核染色质嗜碱性下降，死亡细胞核在 1 ～ 2 天内完全消失。

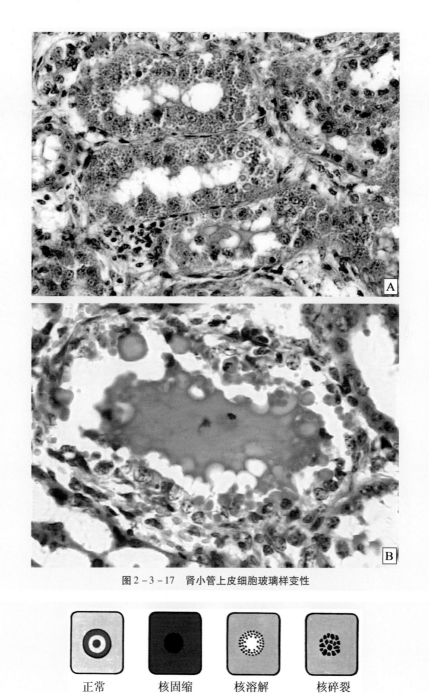

图 2 - 3 - 17　肾小管上皮细胞玻璃样变性

正常	核固缩	核溶解	核碎裂

图 2 - 3 - 18　细胞核损伤模式图

（2）细胞质的改变：先于细胞核变化，主要表现为嗜酸性染色增强。有时实质细胞坏死后，胞浆水分逐渐丧失，核浓缩而后消失，胞体固缩，胞浆强嗜酸性，形成嗜酸性小体，称为嗜酸性坏死；实质细胞坏死后，整个细胞可迅速溶解、吸收而消失，称为溶解坏死。

（3）间质的改变：在各种溶解酶的作用下，间质的基质崩解，胶原纤维肿胀、崩解、断裂或液化。坏死的细胞和崩解的间质融合成一片模糊的颗粒状、无结构的红染物质。

细胞坏死的形态变化见图2-3-19、图2-3-20。

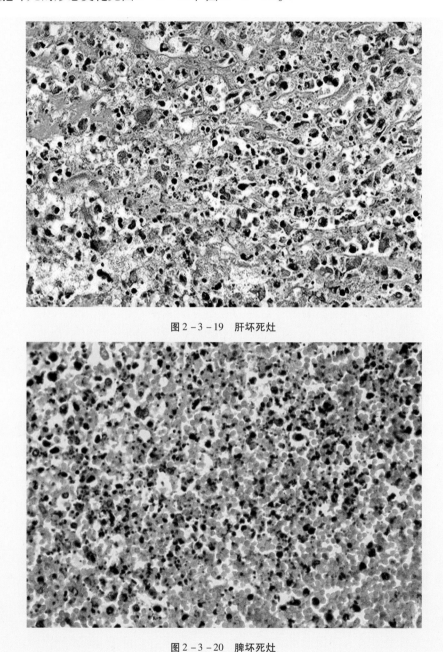

图2-3-19　肝坏死灶

图2-3-20　脾坏死灶

（五）肾凝固性坏死

凝固性坏死是最为常见的坏死类型，多见于心、肝、肾、脾等实质器官（图

2－3－5、图2－3－6）。镜下特点为坏死灶与健康组织的界限明显，组织结构轮廓基本保存（图2－3－21A）。细胞微细结构消失，坏死区周围形成充血、出血和炎症反应带（图2－3－21B）。

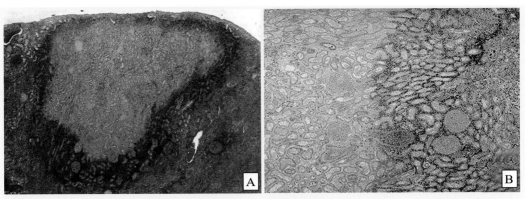

图2－3－21　肾凝固性坏死

（六）心肌蜡样坏死

蜡样坏死是一种特殊类型的凝固性坏死，多见于动物的白肌病（图2－3－8）。眼观可见肌肉肿胀，无光泽，浑浊，干燥坚实，呈灰红或灰白色，如蜡样，故名。心肌蜡样坏死早期变化以肌纤维结构紊乱、细胞肿胀、核浓染、透明变性为特征（图2－3－22A，B），随病情加重，可见心肌纤维呈不规则波浪状条纹，出现嗜伊红带，横纹消失（图2－3－22C），肌纤维肿胀、断裂，形成着色不均、嗜伊红深染的无结构玻璃样物质，进而出现凝固性心肌细胞溶解（图2－3－22D）。

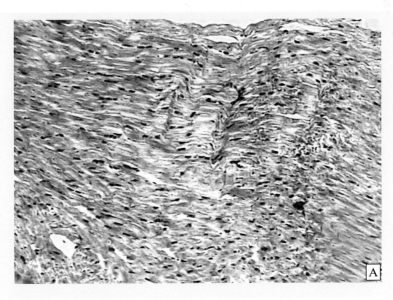

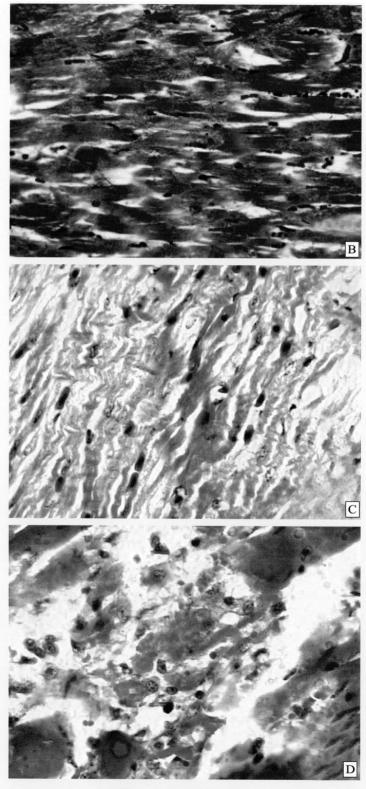

图 2 - 3 - 22　心肌蜡样坏死

（七）脑液化性坏死（脑软化）

有些组织坏死后被酶分解成液体状态，并可形成坏死囊腔，称为液化性坏死。发生在脑组织称为脑软化（图2-3-9）。镜下特点为死亡细胞完全被消化，局部组织快速被溶解，坏死物质被吞噬吸收（图2-3-23A），坏死区脑组织结构消失，遗留下不规则的囊肿或空洞（图2-3-23B）。

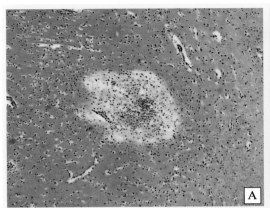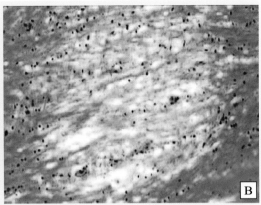

图2-3-23 脑液化性坏死

（八）细胞凋亡

细胞凋亡（apoptosis）是指在一定的生理或病理条件下，为维持机体内环境的稳定，由基因控制的细胞自主有序性的死亡过程，故又称程序性细胞死亡。一般表现为单个细胞的死亡，且不伴有炎症反应。凋亡的形态学特征是细胞皱缩，胞质致密，核染色质边集，尔后胞核裂解，胞质生出芽突并脱落，形成含核碎片和（或）细胞器成分的膜包被凋亡小体（apoptotic body）（图2-3-24A），可被巨噬细胞和相邻其他实质细胞吞噬、降解。凋亡细胞的质膜和细胞器膜大都完整（图2-3-24B）。凋亡细胞进一步发展，核浓缩、降解、消失，胞浆浓缩，强嗜酸性，使整个凋亡细胞变成嗜伊红深染的圆形小体，称之为嗜酸性小体（图2-3-24C）。电镜下细胞凋亡形态表现为细胞皱缩，体积变小，质膜完整，胞质致密，细胞器密集，不同程度退变；核染色质致密，形成新月形、马蹄形等形状不一、大小不等的团块，边集于核膜处（图2-3-24D）。

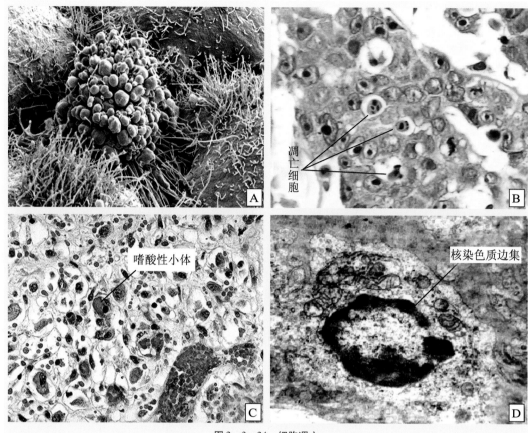

图 2 - 3 - 24　细胞凋亡

第四章

组织修复、代偿与适应

　　细胞和由其构成的组织、器官，对于内外环境中各种有害因子和刺激作用而产生的非损伤性应答反应，称为适应。适应在形态学上一般表现为肥大、增生和化生，涉及细胞数目、细胞体积或细胞分化的改变。损伤造成机体部分细胞和组织丧失后，机体对缺损进行修补恢复的过程，称为修复。修复后可完全或部分恢复原组织的结构和功能。修复过程可概括为两种不同的形式：①由损伤周围的同种细胞来修复，称为再生；如果完全恢复了原组织的结构及功能，则称为完全再生。②由纤维结缔组织进行的修复，称为纤维性修复，以后形成瘢痕，故也称瘢痕修复。在多数情况下，由于有多种组织发生损伤，故上述两种修复过程常同时存在。

一、大体病变图谱

（一）肥大

　　由于实质细胞体积增大而使组织和器官体积增大，常伴有功能增强。增生和肥大常常伴随发生，不发生增生的肥大仅见于心肌、骨骼肌。由于机体生理功能需要而发生的肥大为生理性肥大，特点为体积增大，功能增强，储备力增大（如妊娠的子宫），可复旧。病理性肥大又称代偿性肥大，分为真性肥大和假性肥大。真性肥大是指组织器官实质细胞体积增大，伴有功能增强（图2-4-1），但储备力不变或者相对降低，只补偿器官功能，有一定限度，否则引起代偿失调。例如肥大的心肌超过限度则引起心力衰竭，可导致死亡。假性肥大是指器官实质萎缩而间质增生，造成器官体积增大，而功能降低。例如脂肪心，虽然心脏体积增大，但是心肌纤维因大量的脂肪浸润而受压萎缩（图2-4-2）。

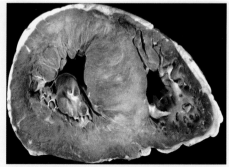

图2-4-1　左心室向心性肥大

心脏横断面，图示左心室壁及室间隔增厚，乳头肌显著增粗；左心室腔相对较小。

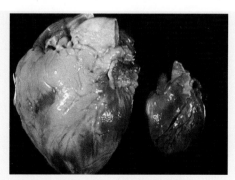

图2-4-2　心脏肥大和萎缩

左为肥大心脏，体积增大，脂肪组织增多；右为萎缩心脏，体积减小，重量减轻，色泽变深。

（二）增生

实质细胞数量增多并常伴有组织器官体积增大的病理过程称为增生。生理性增生可分为激素性增生和代偿性增生。成长期母畜乳腺的发育、妊娠期子宫和乳腺的增生均属生理性增生，也是内分泌性增生。病理性增生包括内分泌性增生（激素分泌过多，见图2-4-3，如雌激素过高引起的子宫内膜增生，见图2-4-4）、代偿性增生（缺碘引起的甲状腺增生）和再生性增生（创伤缺损的再生性修复过程）。

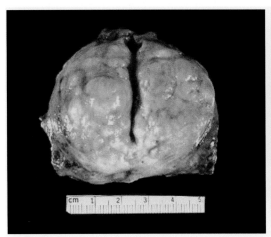

图2-4-3　前列腺增生

前列腺显著肥大、增生，尿道狭窄。

图2-4-4　子宫内膜增生

子宫内膜增厚，宫腔较小，功能性出血。

（三）肉芽组织和瘢痕组织

肉芽组织是指由毛细血管内皮细胞和成纤维细胞分裂所形成的富含毛细血管的幼稚结缔组织。肉眼观察呈鲜红色，颗粒状，柔软湿润，形似鲜嫩的肉芽（图2-4-5）。肉芽组织经改建成熟形成血管稀少而主要由胶原纤维构成的纤维结缔组织，称瘢痕组织，外观呈灰白色，质地坚韧，缺乏弹性（图2-4-6）。瘢痕组织是肉芽组织的继续和终结，其形成过程实际上就是结缔组织的成熟过程。

（四）机化

机化是指血凝块、坏死组织、大量炎性渗出物及其他异物不能完全被机体溶解吸收或分离排出，由新生的肉芽组织吸收、取代的过程。发生慢性纤维素性心包炎时渗出的纤维素常被肉芽组织机化，使得心包脏层和壁层之间发生广泛粘连，心包腔闭合（图2-4-7），心脏活动受限，最终可导致心力衰竭。腹腔内的大量纤维素性渗出物常可致胃肠浆膜发生广泛的粘连（图2-4-8），影响消化功能。发生慢性纤维素性肺炎时，肺泡腔内的大量纤维素可因肉芽组织的机化而使肺组织变硬而影响呼吸功能，眼观似鲜肉状，称为肺肉变（图2-9-9）。如果纤维素渗出累及胸膜，肉芽组织的机化则可使肺与胸膜发生粘连（图2-9-10）。

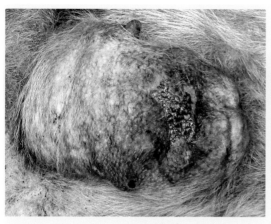

图2-4-5　肉芽组织

犬乳腺肿瘤皮肤破损处见肉芽组织。鲜红、柔软湿润，颗粒状，触之易出血。（周庆国 摄）

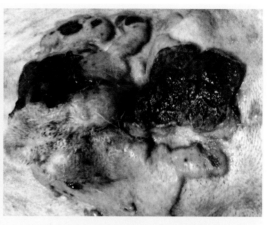

图2-4-6　肉芽组织和瘢痕组织

犬腹部皮肤表面肉芽组织，表面有血凝块，周边肉芽组织已逐渐成熟，形成质地坚实、缺乏弹性的瘢痕组织。（周庆国 摄）

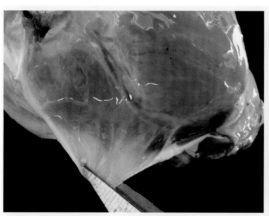

图2-4-7　心包粘连

猪纤维素性心包炎后期，心包脏层和壁层广泛机化粘连，心包腔闭锁。

图2-4-8　肠粘连

猪纤维素性腹膜炎后期，结肠浆膜广泛机化粘连。

（五）创伤愈合

创伤愈合是指机体遭受外力作用，皮肤等组织出现离断或缺损后的愈合过程，包括各种组织的再生和肉芽组织增生、瘢痕形成的复杂组合，表现出各种过程的协同作用。一期愈合见于组织缺损少、创缘整齐、无感染、经黏合或缝合后创面对合严密的伤口，例如手术切口（图2-4-9、图2-4-10）；二期愈合见于组织缺损较大、创缘不整、哆开、无法整齐对合，或伴有感染的伤口；痂下愈合指伤口表面的血液、渗出液及坏死物质干燥后形成黑褐色硬痂，在痂下进行上述愈合过程。

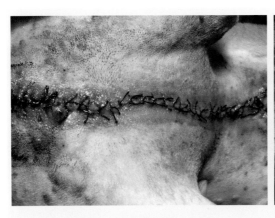

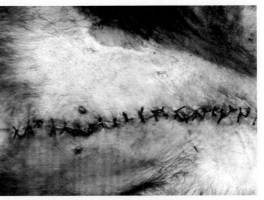

图 2 - 4 - 9 皮肤一期愈合早期

创口周围有轻度炎症，略肿胀，伤口边缘见新生肉芽组织，填平伤口，保护创面。(周庆国 摄)

图 2 - 4 - 10 皮肤一期愈合后期

创缘整齐，对合紧密，肉芽组织逐渐转化为灰白色的瘢痕组织，完成修复过程。(周庆国 摄)

二、组织学病变图谱

（一）肉芽组织

镜下可见肉芽组织由新生薄壁的毛细血管以及增生的成纤维细胞构成，并伴有炎性细胞浸润。大量由内皮细胞增生形成的实性细胞索及扩张的毛细血管，向创面垂直生长，并以小动脉为轴心，在周围形成袢状弯曲的毛细血管网。新生毛细血管的内皮细胞核体积较大，呈椭圆形，向腔内突出。毛细血管的周围有许多新生的成纤维细胞，呈梭形，核椭圆，染色质浅，核仁清楚，胞质丰富。此外常有大量渗出液及炎性细胞。炎性细胞中常以巨噬细胞为主，也可见数量不等的中性粒细胞及淋巴细胞（图 2 - 4 - 11）。

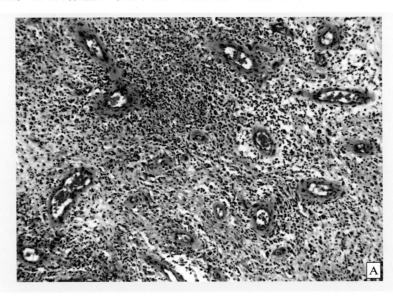

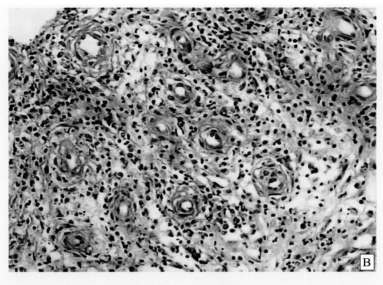

图 2 - 4 - 11 肉芽组织

（二）心肌肥大

组织、器官肥大通常是由细胞体积变大而引起的，而细胞体积变大的基础是细胞内合成了大量的细胞器，细胞器数量增多，合成代谢旺盛，功能增强。心肌代偿性肥大时，细胞内结构蛋白合成活跃，DNA 含量和微丝等细胞器数量增多，心肌细胞变粗（图 2 - 4 - 12A），细胞核不规则且深染（图 2 - 4 - 12B）。

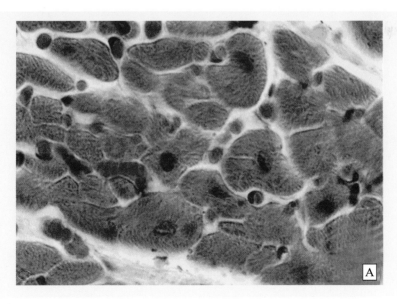

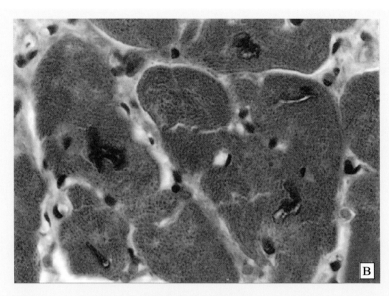

图 2 - 4 - 12　心肌肥大

第五章

病理性物质沉着

病理性物质沉着，是指某些病理性物质沉积在器官、组织或细胞内的变化。其发生机理较为复杂，有些至今尚未完全明确。常见病理性物质沉着包括病理性钙化、痛风、结石形成以及病理性色素沉着等。

一、大体病变图谱

（一）结石

在囊腔或腺体排泄管内，形成坚硬如石的固体物质的过程，称为结石形成。所形成的固体物质称为结石。结石多发生于胃、肠、膀胱、胆囊、胆管、肾盂及胰腺排泄管。结石形成是组织营养不良和盐类代谢障碍的综合结果。图2-5-1和图2-5-2分别为膀胱结石和胆管结石。

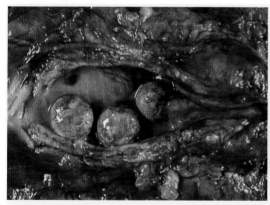
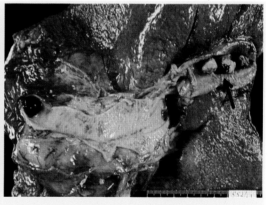

图2-5-1 膀胱结石
膀胱中出现3个圆形结石。膀胱壁增厚，黏膜出血。

图2-5-2 胆管结石
胆管中有数个不规则结石，结石表面粗糙，上覆血液。胆管壁增厚。

（二）病理性钙化

除骨和牙齿以外的软组织内有固体性钙盐的沉积，称为病理性钙化。病理性钙化可分为营养不良性钙化和转移（迁徙）性钙化两种类型。

（1）营养不良性钙化：指继发于局部变性、坏死组织或坏死的寄生虫体、虫卵及其他异物

（例如血栓）内的钙化。一般来说，营养不良性钙化是机体的一种防御适应性反应，它可使坏死组织或病理产物在不能完全吸收时变成稳定的固体物质。组织内有少量钙盐沉积时，肉眼难以辨认；多量时，则表现为石灰样坚硬颗粒或团块状外观（图2-5-3、图2-5-4）。

（2）转移性钙化：是由于全身性的钙、磷代谢障碍引起机体血钙或血磷升高，导致钙盐在未受损伤的组织内沉积。此种钙化较少见。

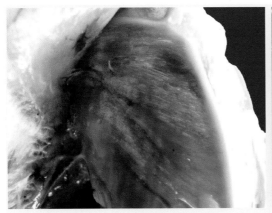

图2-5-3　胸肌钙化灶

病鸡胸肌中出现片状白色钙盐沉积灶，可因注射难以吸收的油乳剂引起。

图2-5-4　淋巴结钙化（结核病）

肠系膜淋巴结钙化，切面质硬，白色的钙盐沉积，取代原有淋巴组织。

（三）黄疸

由于胆色素代谢或胆汁分泌与排泄障碍，导致血清胆红素浓度升高而引发的皮肤、黏膜、巩膜、浆膜、骨膜以及实质器官黄染的病理过程，称为黄疸。某些肝病、胆囊病和血液病经常会引发黄疸的症状（图2-5-5、图2-5-6）。

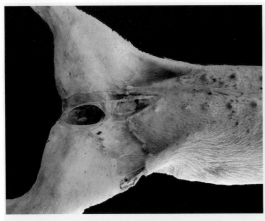

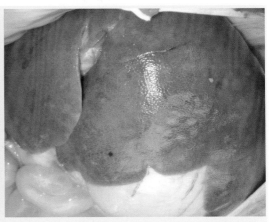

图2-5-5　全身黄疸

血浆中胆红素含量过多，使病猪全身皮肤和黏膜呈黄色（黄疸）。

图2-5-6　肝脏黄疸

病猪肝脏肿大、黄染，质地变脆。（刘福来 摄）

（四）尿酸盐沉着（痛风）

痛风又称"高尿酸血症"，是由于机体的嘌呤物质代谢紊乱，尿酸的合成增加或排出减少而造成的。血尿酸浓度过高时，尿酸以钠盐的形式沉积在关节、软骨和肾中，引起组织异物炎性反应。痛风可能由蛋白质特别是核蛋白的摄入过多、肾损害、饲养管理不良和遗传因素等引起。根据尿酸盐在体内沉着的部位，痛风可分为内脏型和关节型，有时这两种类型可同时发生。痛风可发生于人类及多种动物，以家禽尤其是鸡最为多见（图2-5-7、图2-5-8）。

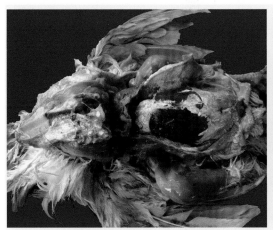 

图2-5-7　鸡高尿酸血症（痛风（1））
多量白色尿酸盐沉积在病鸡内脏器官、胸膜和腹膜表面。

图2-5-8　鸡高尿酸血症（痛风（2））
病鸡肾脏肿胀，因白色尿酸盐沉积而呈花斑状。

（五）病理性色素沉着

正常的组织中存在着多种内源性色素（如含铁血黄素、脂褐素、黑色素、胆红素等）和外源性色素（如炭尘、煤尘等）。病理情况下，上述色素增多并积聚于细胞内外，称为病理性色素沉着。常见的有炭末沉着以及脂褐素、黑色素、含铁血黄素、卟啉、胆红素等沉着。

（1）黑色素是由成黑色素细胞将酪黑色素氨酸转变成一种蛋白质性的色素物质，即黑色素蛋白。其可表现为大小不等的淡褐、深褐、棕色、灰黑色色素沉着斑或黑色颗粒（图2-5-9）。黑色素的异常沉着是指不含黑色素的部位出现黑色素沉着，常见的是黑变病和黑色素瘤。

（2）炭末沉着是动物较常见的外源性色素沉着，可见于城市和工矿区的牛。当肺组织内有大量炭末沉着时，眼观可见黑色纹理，肺门淋巴结变黑色（图2-5-10）。

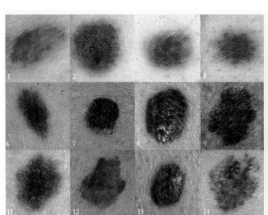 

图 2 – 5 – 9　黑色素沉积

皮肤表面深浅不同、颜色各异的黑色素沉积。

图 2 – 5 – 10　炭末肺

肺脏实质中黑色炭末沉着。

（3）卟啉又称无铁血红素，是血红素的不含铁的色素部分。患病动物在临床诊断上的特征为尿液、粪便和血液中含有卟啉，尿液呈红棕色，全身骨骼、牙齿和内脏有红棕色或棕褐色的色素弥漫性沉着，俗称"乌骨猪"（图 2 – 5 – 11、图 2 – 5 – 12）。动物的牙齿呈淡红棕色，所以也称"红牙病"。

 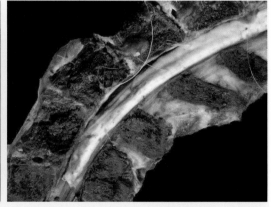

图 2 – 5 – 11　猪血卟啉色素沉着症（1）

病猪全身骨骼呈乌黑色，卟啉色素弥漫性沉着（乌骨猪）。

图 2 – 5 – 12　猪血卟啉色素沉着症（2）

病猪骨骼呈乌黑色，卟啉色素弥漫性沉着。

二、组织学病变图谱

（一）结核钙化灶

结核病的增生性病变和小的干酪样坏死灶，可逐渐纤维化，最后形成疤痕而愈合，较大的干酪样坏死灶难以全部纤维化，则由其周边纤维组织增生将坏死物包裹，继而坏死物逐渐干燥浓缩，并有钙盐沉着。钙化的结核灶内常有少量结核杆菌残留，此病变临床虽属痊愈，但当机体抵抗力降低时仍可复发进展。在 HE 染色时，病灶中的钙盐（主要是磷酸钙和碳酸钙）呈蓝色颗粒状或片块状，属营养不良性钙化（图 2－5－13）。

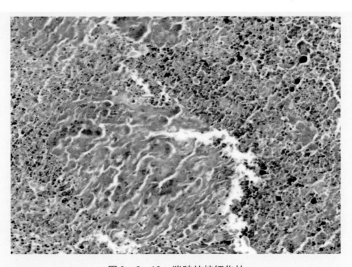

图 2－5－13　猪肺结核钙化灶

肺干酪样坏死灶周围结缔组织增生，沉积多量蓝色颗粒状至片块状钙盐。

（二）黑色素沉着

黑色素为棕色或深褐色的大小不等的颗粒，正常皮肤、毛发、虹膜、脉络膜等处都有黑色素。内分泌疾病、紫外线影响或肾上腺皮质功能减退等，均可引发皮肤黑色素增多。肾上腺皮质激素分泌增多可致全身性皮肤黑色素增多，局限性黑色素增多则见于黑色素痣及黑色素瘤等（图 2－5－14）。

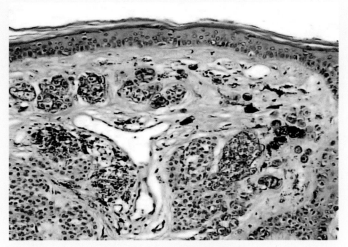

图 2－5－14　皮肤黑色素沉着

大小不等的棕色或黑色颗粒聚集于真皮层细胞中。

（三）含铁血黄素沉着

含铁血黄素是一种含铁的棕黄色色素，是由铁蛋白微粒集结而成的非结晶性颗粒。生理情况下，红细胞在肝、脾内破坏，可有少量含铁血黄素形成。含铁血黄素沉着是指含铁血黄素在正常状态下不含铁血黄素的组织中出现或组织中含铁血黄素过多聚积的现象（图 2-5-15）。溶血性贫血时，可有大量红细胞被破坏，可出现全身性含铁血黄素沉积，常沉积于肝、脾、淋巴结和骨髓等器官组织内。局部性含铁血黄素的病理性沉着多提示陈旧性出血。

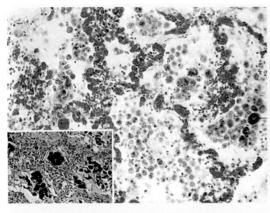

图 2-5-15　肺含铁血黄素沉着

肺泡腔中巨噬细胞吞噬多量棕黄色颗粒（心衰细胞）。肺泡壁毛细血管淤血。图的左下方为普鲁士蓝染色。

图 2-5-16　肝胆红素沉着

肝细胞和枯否细胞中有多量胆红素沉着。

（四）胆红素沉着

胆红素也是血红蛋白的分解产物。衰老的红细胞被巨噬细胞吞噬后，在巨噬细胞内分解成含铁和珠蛋白的胆绿素。胆红素是临床上判定黄疸的重要依据，亦是肝功能的重要指标（图 2-5-16）。如果血浆中胆红素含量过多，使机体组织呈黄色，称为黄疸。

（五）脂褐素沉着

脂褐素是一种蓄积于胞浆内的黄褐色微细颗粒，电镜下为自噬溶酶体内未被消化的细胞器碎片，50% 为脂质。正常时可见于附睾管上皮细胞、睾丸间质细胞、神经节细胞。患慢性消耗性疾病动物的心肌、肝和肾中常见脂褐素沉着，故又有消耗性色素之称（图 2-5-17、图 2-5-18）。脂褐素沉着随着年龄的增长而加重，因而又称老年素，是衰老的重要指征之一。

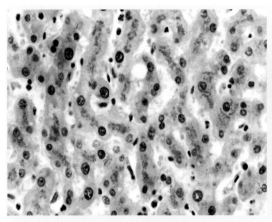 

图 2 - 5 - 17　肝脂褐素沉着　　　　　　　图 2 - 5 - 18　心肌脂褐素沉着

肝细胞核周围出现大量脂褐素，肝细胞萎缩。　　　心肌纤维的细胞核两端含有棕色的脂褐素颗粒。

第六章

炎 症

炎症是具有血管系统的动物针对损伤因子所发生的复杂的防御反应。这些损伤因子包括病原微生物和任何能引起组织细胞损伤和坏死的因子。炎症依其病程可分为急性炎症和慢性炎症两大类。

急性炎症反应迅速，持续时间短，常常仅几天，一般不超过一个月，以渗出性病变为主。炎症细胞浸润以中性粒细胞为主。急性炎症分类依据为渗出物的主要成分，可分为浆液性炎、纤维素性炎、化脓性炎和出血性炎等。

慢性炎症持续时间较长，为数月到数年，病变以增生变化为主。其炎症细胞浸润以淋巴细胞和单核细胞为主。慢性炎症最重要的特点如下：

（1）炎症灶内浸润细胞主要为淋巴细胞、浆细胞和单核细胞，反映了机体对损伤的持续反应；

（2）主要由炎症细胞引起组织破坏；

（3）常出现较明显的纤维结缔组织、血管以及上皮细胞、腺体和实质细胞的增生，以替代和修复损伤的组织。

一、大体病变图谱

根据炎症的基本病变性质，可将炎症分为变质性炎症、渗出性炎症和增生性炎症三大类。

（一）变质性炎症

以变质（细胞变性、坏死）变化为主的炎症称为变质性炎症，渗出和增生改变较轻微，多见于急性炎症。变质性炎症主要发生于肝、肾、心和脑等实质性器官（图2-6-1、图2-6-2），常由严重感染、中毒和过敏反应引起。变质性炎症常常引起实质性器官功能障碍。

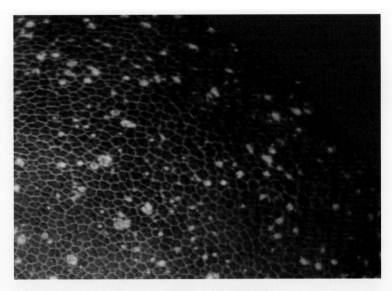

图 2 - 6 - 1　坏死性肝炎（猪伪狂犬病）

肝表面和实质内密布针头大白色坏死灶，坏死灶周边可见红色出血带。

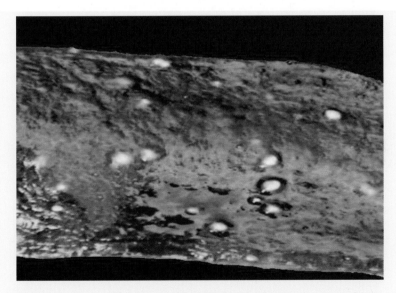

图 2 - 6 - 2　坏死性脾炎（猪伪狂犬病）

病猪脾分布多个白色的圆形坏死灶。坏死灶质地坚实，周边有红色炎症反应带。

（白挨泉 摄）

（二）渗出性炎症

以浆液、纤维蛋白原和嗜中性粒细胞渗出为主的炎症称为渗出性炎症，多为急性炎症。依据渗出物主要成分的不同，可分为浆液性炎症、纤维素性炎症、化脓性炎症和出血性炎症等。

（1）浆液性炎症：常发生于疏松结缔组织、浆膜和黏膜等处（图2-6-3、图2-6-4）。浆液性渗出物弥漫性浸润于组织内，局部出现明显的炎性水肿。黏膜的浆液性炎症又称浆液性卡他。

图2-6-3　浆液性关节炎（副猪嗜血杆菌病）
病猪膝关节肿胀，切开见多量淡黄色、略浑浊的浆液渗出。

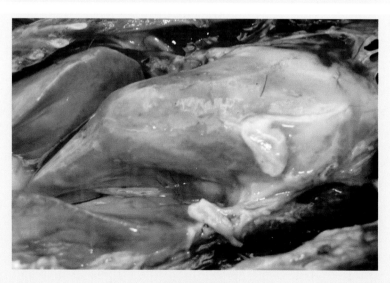

图2-6-4　浆液性心包炎（禽出败）
病鸡心包腔内充盈多量淡黄色浆液，浆液可自凝。

（2）纤维素性炎症：以纤维蛋白原渗出并在炎症灶内形成纤维素为主，多由于某些细菌毒素、各种内源性或外源性毒物质所引起，常发生于浆膜（胸膜、腹膜、心包膜）、黏膜（喉、气管、胃肠）和肺等部位（图2-6-5）。发生纤维素性心包炎时，由于心脏的搏动，心包的脏壁两层相互摩擦，使渗出在心包腔内的纤维素在心包膜表面呈绒毛状，称为"绒毛心"（图2-6-6）。发生在黏膜的纤维素性炎症，渗出的纤维素、白细胞和坏死的黏膜上皮常混合在一起，形成灰白色的膜状物，称为假膜。由于局部组织结构的特点不同，有的假膜与黏膜损伤部联系松散，容易脱落，称浮膜性炎症（图2-6-7）；有的假膜牢固附着于黏膜面不易脱落，称固膜性炎症（图2-6-8）。

图2-6-5　多发性纤维素性浆膜炎（副猪嗜血杆菌病）

多量白色纤维素附着于病猪腹腔、胸腔器官浆膜面。

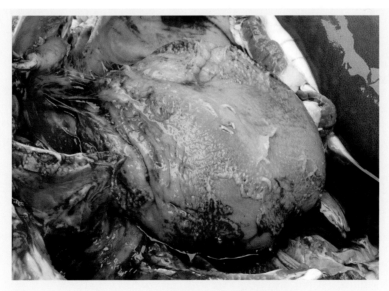

图2-6-6　纤维素性心包炎（猪链球菌病）

病猪心包表面附着一层黄白色纤维素性假膜（绒毛心），心肌柔软松弛。

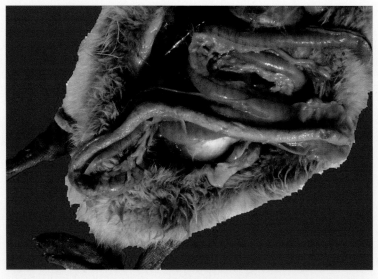

图2-6-7 浮膜性肠炎（小鹅瘟）
病鹅小肠内的纤维素性渗出物呈腊肠状，易剥落。剥落后黏膜面完整光滑。

图2-6-8 固膜性肠炎（猪副伤寒）
肠黏膜增厚，呈脑回状。纤维素性渗出物附着紧密，不易剥落。

　　（3）化脓性炎症：以中性粒细胞大量渗出，并伴有不同程度的组织坏死和脓液形成为特征（图2-6-9、图2-6-10）。多由葡萄球菌、链球菌、脑膜炎双球菌、大肠杆菌等化脓菌引起，亦可因某些化学物质和机体坏死组织所致。

　　（4）出血性炎症：一般是由于强烈致炎因子的刺激，使血管壁受到严重损伤所致，常见于各种传染病、真菌病、中毒性疾病，例如炭疽、猪瘟、猪丹毒、鸡盲肠球虫病等（图2-6-11、图2-6-12）。

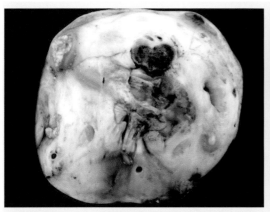

图 2 - 6 - 9　化脓性关节炎（猪链球菌病）

关节周围组织有多发性化脓灶，关节体积增大，切面隆起，切面见多个绿豆大至花生粒大的灰白色灶。化脓灶周围有结缔组织包裹。

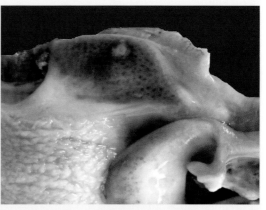

图 2 - 6 - 10　化脓性扁桃腺炎

病猪扁桃腺肿胀、充血，有拇指大化脓灶，脓灶周围和会厌软骨充血、出血。

图 2 - 6 - 11　出血性肠炎（猪瘟）

病猪结肠浆膜出血，肠系膜淋巴结周边出血。

图 2 - 6 - 12　雏鸭病毒性肝炎

肝肿大，肝表面和实质内密布针头大至芝麻大的斑点状出血灶。

　　上述各种类型的炎症可单独发生，在有些炎症过程中两种不同类型可以并存，如浆液－纤维素性炎或纤维素性－化脓性炎等。

（三）增生性炎症

　　以增生变化为主的炎症称为增生性炎症，多为慢性炎症，但也有少数急性炎症是以细胞增生性改变为主的，如链球菌感染后的急性肾小球肾炎。增生性炎症包括普通增生性炎症和特异增生性炎症两大类。普通增生性炎症又称为非特异性增生性炎症，基本病理变化常呈现慢性炎症的特点（图 2 - 6 - 13）。特异增生性炎症又称为慢性肉芽肿性炎症，是一

图 2 - 6 - 13　增生性肠炎（肥厚性肠炎）

病猪肠壁肿胀增厚，肠黏膜凹凸不平，形成皱褶，被覆多量黏液和纤维素。

种特殊的慢性炎症，以肉芽肿形成为特点（图 2 - 6 - 14）。所谓肉芽肿是由巨噬细胞局部增生构成的境界清楚的结节状病灶。肉芽肿中激活的巨噬细胞常呈上皮样形态。不同的病因可引起形态不同的肉芽肿，病理学家常可根据肉芽肿形态特点做出病因诊断。

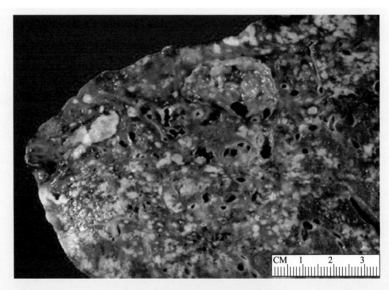

图 2 - 6 - 14　肺结核融合性肉芽肿

肺组织中大量散在的粟粒样肉芽肿结节，有些结节相互融合，形成更大的肉芽肿。

二、组织学病变图谱

(一）炎症细胞

炎症反应最重要的功能是将炎症细胞输送至炎症病灶，炎症细胞（图 2 - 6 - 15）渗出是炎症反应最重要的特征。不同的致炎因子和炎症发展的不同阶段，游出白细胞的种类和数量均有不同，因此，白细胞总数和分类计数的检查是临床诊断的一种重要方法。

（1）中性粒细胞：又称小吞噬细胞，是白细胞中数量最多的一种。细胞呈球形，直径 10 ～ 12μm，核呈杆状或分叶状，可分为 2 ～ 5 叶。胞质内充满大量细小的、分布均匀的、染成淡紫色和淡红色的颗粒。内含乳铁蛋白、吞噬素、溶菌酶等，能杀死细菌，溶解细菌表面的糖蛋白。当局部组织受到细菌等侵害时，中性粒细胞在趋化因子等作用下，向病变局部大量集中，并进行活跃的吞噬和分泌活动。因此机体受到某些细菌感染发生炎症时，白细胞总数增加，中性粒细胞的比例显著提高。

（2）嗜酸性粒细胞：呈球形，较中性粒细胞稍大，直径 10 ～ 15μm，核为杆状或分叶状，以 2 叶核居多。胞质内充满粗大、分布均匀、染成橘红色、略带折光性的嗜酸性颗粒。颗粒含酸性磷酸酶、芳基硫酸酯酶、过氧化物酶和组胺酶等，故亦为溶酶体。嗜酸性粒细胞浸润是 IgE 介导的过敏性炎症反应和寄生虫感染性炎症的特点。

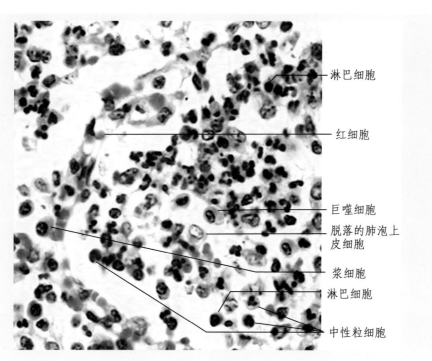

图 2 - 6 - 15　炎症细胞（肺炎）

（3）嗜碱性粒细胞与肥大细胞：嗜碱性粒细胞呈球形，直径 $10 \sim 12\mu m$，胞核分叶或呈 S 形，着色浅淡，轮廓常不清楚。胞质内含大小不等、分布稀疏不均、深浅不同的蓝紫色嗜碱性颗粒，颗粒常覆盖在核上。肥大细胞来源于血液中嗜碱性粒细胞或由间叶细胞演变而成，常常附着于血管外膜或分布于疏松结缔组织中，胞质内含有嗜碱性颗粒。在过敏性等炎症反应中，嗜碱性粒细胞和肥大细胞可释放多种炎症介质，参与介导炎症反应。

（4）单核细胞与巨噬细胞：是白细胞中体积最大的一类细胞，直径 $14 \sim 20\mu m$，呈圆球形。胞核呈肾形、马蹄形或卵圆形，核染色质呈细网状，着色较浅，核仁明显。胞质丰富，呈灰蓝色，胞质内有较多细小的嗜天青颗粒，内含过氧化物酶、酸性磷酸酶、非特异性酯酶和溶菌酶等。血液循环中的单核细胞进入全身结缔组织和肝、肺、肾、淋巴器官等分化成不同种类的巨噬细胞（包括肝的枯否细胞、脾和淋巴结的窦组织细胞、肺泡巨噬细胞等）。在淋巴器官分化为树突状细胞，在神经系统内分化为小胶质细胞，在骨组织中分化为破骨细胞，以及血液与骨髓中的单核细胞和器官组织内的巨噬细胞，这些细胞共同构成了单核吞噬细胞系统。单核巨噬细胞吞噬入侵机体的病原微生物和异物，消除体内衰老病变细胞，参与调节免疫应答，分泌多种细胞因子参与机体造血调控等；被激活后可释放各种生物活性产物，有利于吞噬和杀伤病原微生物，但生物活性产物过多可导致组织损伤和组织纤维化。

（5）淋巴细胞：淋巴细胞呈球形，大小不一。直径 $6 \sim 8\mu m$ 的为小淋巴细胞，$9 \sim 12\mu m$ 的为中淋巴细胞，$13 \sim 20\mu m$ 的为大淋巴细胞。外周血以小淋巴细胞数量最多，细胞核呈圆形，一侧常有一小凹陷，染色质致密呈粗块状，染色深，胞质很少，仅在核周形成一窄缘，染成蔚蓝色，含少量较粗大的嗜天青颗粒。大、中淋巴细胞的细胞核呈椭圆形，染色质较疏松，着色较浅，胞质较多，可见少量嗜天青颗粒。淋巴细胞是体内功能与分类最为复杂的细胞群。根据发生过程、形态结构与功能等的不同，可分为：①胸腺依赖淋巴细胞（T 细胞），占淋巴细胞总数的 75%，参与细胞免疫，并具有调节免疫应答的作用；②骨髓依赖淋巴细胞（B 细胞），占血液淋巴细胞的 10% ～ 15%，受抗原刺激后增殖分化为浆细胞，产生抗体参与体液免疫；③自然杀伤细胞（NK 细胞），约占血液淋巴细胞的 10%，在杀伤肿瘤细胞中起重要作用。

（6）浆细胞：浆细胞由 B 淋巴细胞演变而来，比小淋巴细胞略大，呈卵圆形，胞质弱嗜碱性，色灰暗；细胞核常偏于一侧，染色质致密呈粗块状，多沿核膜分布，使细胞核呈表盘状或车轮状，这种形态特征是识别浆细胞的标志之一。受到抗原刺激后浆细胞可分泌抗体，与体液免疫有密切关系。

（7）上皮样细胞和多核巨细胞：炎症反应过程中，当在炎灶内存有某些特殊病原体（如结核杆菌、鼻疽杆菌等）或异物（如缝线、芒刺等）时，巨噬细胞可进一步转变成上皮样细胞或多核巨细胞。这两种细胞常同时存在于同一病灶中，是特异性增生性炎（肉芽肿性炎）的重要标志。

（二）化脓性乳腺炎

化脓性乳腺炎是乳牛常见病，临床主要表现为乳腺一个或多个乳区浮肿、硬实，乳汁带有脓液，后期乳腺变软，皮肤破溃、流脓。镜下见乳腺管中充满粉红色的乳蛋白液和多量嗜中性粒细胞（图2-6-16A，B）；腺上皮细胞明显水肿、透明样变、坏死、脱落（图2-6-16C）。

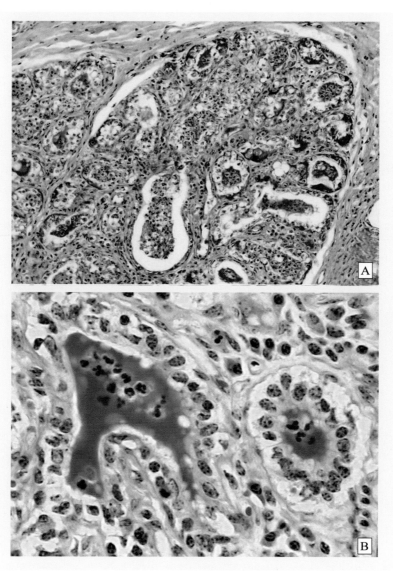

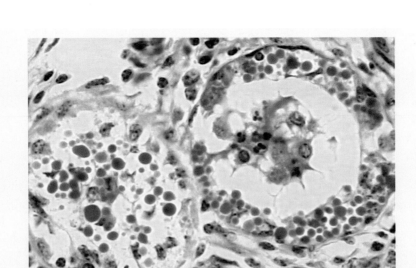

图2-6-16　化脓性乳腺炎

（三）曲霉菌性肺炎

禽曲霉菌病的病理变化主要见于呼吸系统，最常发生病变的是肺和气囊。肺早期镜检病变表现为卡他性炎症或纤维素性肺炎，被膜下可见大量蓝染的菌丝和红色的纤维素交织成网（图2-6-17A）；肺泡和细支气管内充盈浆液、纤维素和坏死细胞的核碎屑，有较多中性粒细胞、淋巴细胞与少量巨噬细胞渗出（图2-6-17B）；周围肺组织有不同程度的充血或出血，可见含铁血黄素沉着（图2-6-17C）。后期形成肉芽肿结节（图2-6-18），肉芽肿结节的镜检病变与肺结核病相似（图2-6-18）。可根据眼观肺和气囊的霉菌性病变以及镜检所见的曲霉菌菌丝等进行确诊。

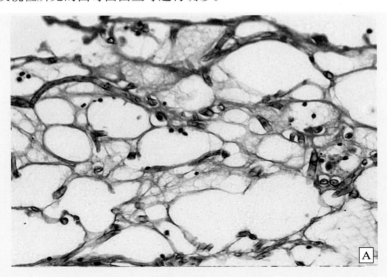

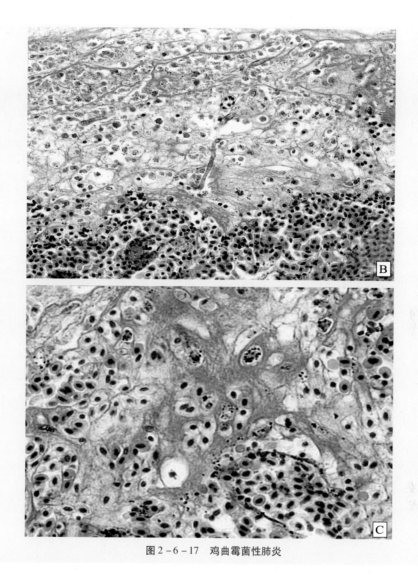

图 2 - 6 - 17　鸡曲霉菌性肺炎

（四）慢性肉芽肿性炎症

　　以在炎症局部形成主要由巨噬细胞增生构成的境界清楚的结节状病灶为特征的慢性炎症，称为慢性肉芽肿性炎症。不同的病因可以引起形态不同的肉芽肿，因此病理学可根据典型的肉芽肿形态特点做出病因诊断，例如观察到结核性肉芽肿（结核结节）的形态结构即可诊断结核病。结核病是由结核杆菌引起的一种慢性感染性肉芽肿性炎症，可发生于全身各器官，以肺结核最常见。

　　结核结节的诊断性病理特征（图 2 - 6 - 18）：

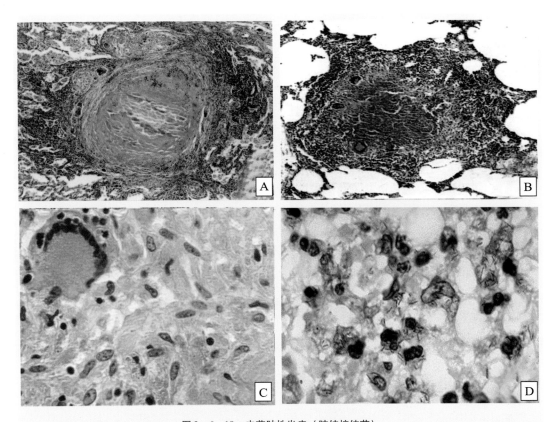

图 2 - 6 - 18 肉芽肿性炎症（肺结核结节）

A：病灶境界清晰，分层明显，中心为干酪样坏死。

B：干酪样坏死灶周边围绕上皮样细胞和淋巴细胞，其间散布 Langhans 巨细胞。

C：上皮样细胞和 Langhans 巨细胞。

D：抗酸染色，可见红色杆状的结核分枝杆菌。

（1）结核结节中心伴有不同程度干酪样坏死，内含坏死的组织细胞、白细胞和结核杆菌。

（2）上皮样细胞：干酪样坏死灶周围可见大量胞体较大、境界不清的细胞。这些细胞的胞核呈圆形或卵圆形，染色质少，甚至可呈空泡状，核内可有 1～2 个核仁，胞浆丰富，染成浅红色。其形态与上皮细胞相似，故称上皮样细胞或类上皮细胞。

（3）多核巨细胞：结核结节之多核巨细胞称为 Langhans 巨细胞，细胞体积很大，直径达 40～50μm。胞核形态与类上皮细胞相似，数目可达几十个，甚至百余个，排列在细胞周边，呈马蹄形或环形，胞浆丰富。Langhans 巨细胞系由上皮样细胞融合而成，散在分布于上皮样细胞之间，有利于吞噬和杀灭结核杆菌，其融合的机制尚有待阐明。

（4）淋巴细胞：在上皮样细胞周围可见大量淋巴细胞浸润。

（5）成纤维细胞：结核结节周边有成纤维细胞增生及胶原纤维分布。

第七章

肿 瘤

　　肿瘤是以细胞异常增殖为特点的一类疾病，常在机体局部形成肿块。肿瘤的种类繁多，具有不同的生物学行为和临床表现。有些肿瘤生长缓慢，没有侵袭性或者侵袭性弱，不从原发部位播散到身体其他部位，对机体的危害小，医学上称为良性肿瘤。有些肿瘤生长迅速，侵袭性强，可以从原发部位播散到身体其他部位，对机体的危害大，医学上称为恶性肿瘤。

一、大体病变图谱

（一）肿瘤的形态

　　（1）数量：可见单个肿瘤，即单发肿瘤（图2-7-1），也可以同时或先后发生多个原发肿瘤，即多发肿瘤（图2-7-2）。

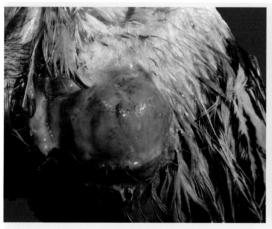

图2-7-1　鸡皮下肿瘤（单发）

鸡翅皮下圆形肿瘤，与周围组织分界明显，质韧而富有弹性，表面血管丰富，呈膨胀性生长。

图2-7-2　犬口腔肿瘤（多发）

犬口腔黏膜上见多个花生粒大小的灰白色肿瘤结节，呈乳头状，外生性生长。（周庆国 摄）

（2）大小：肿瘤的体积差别很大。极小的肿瘤，需在显微镜下才能观察到；大的肿瘤，重量可达数公斤甚至数十公斤（图2-7-3）。肿瘤的大小与肿瘤的良恶性程度、生长时间和发生部位有一定关系。生长于体表或大的体腔内的肿瘤有时可长得很大；生长于狭小腔道内的肿瘤则一般较小。大的肿瘤通常生长缓慢，生长时间较长，且多为良性。恶性肿瘤一般生长迅速，短期内即可转移和致死，故一般长得不大。

（3）形状：肿瘤的形状可因其组织类型、发生部位、生长方式和良恶性质的不同而异。有息肉状、乳头状、绒毛状、结节状、分叶状、囊状、菜花状、蕈状、浸润性包块状、弥漫性肥厚状和溃疡状等（图2-7-4～图2-7-9）。

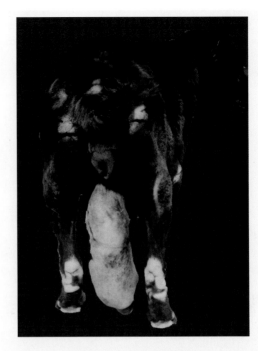

图2-7-3　犬乳腺肿瘤

肿瘤重达数公斤，呈膨胀性生长。（周庆国 摄）

图2-7-4　犬子宫肌瘤

肿瘤呈结节状，膨胀性生长，包膜完整，与周边组织界限清晰。（周庆国 摄）

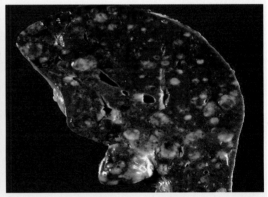

图2-7-5　肝癌

肝切面上散布多量大小不等的灰白色肿瘤结节，呈浸润性包块状，部分结节因出血而红染。

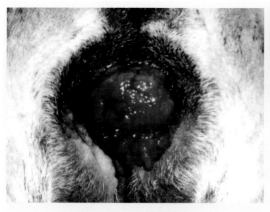

图 2 - 7 - 6 犬阴道肿瘤

肿瘤呈菜花状，与周边组织界限不清，外生性生长。（周庆国 摄）

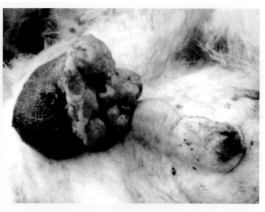

图 2 - 7 - 7 犬阴囊肿瘤

肿瘤呈弥漫性肥厚状，局部呈溃疡状，外生伴浸润性生长。（周庆国 摄）

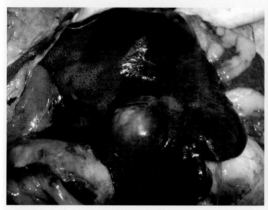

图 2 - 7 - 8 犬肝癌

肿瘤呈包块状，表面突起，无包膜，与周边组织界限不清，浸润性生长。（周庆国 摄）

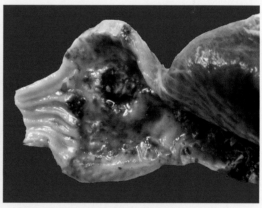

图 2 - 7 - 9 腺胃肿瘤（内脏型鸡马立克氏病）

肿瘤呈浸润性生长，中心形成溃疡，周边隆起，如火山口状。腺胃增厚出血。

（4）质地和颜色：肿瘤质地与其类型、肿瘤细胞与间质的比例等因素有关。例如，脂肪瘤一般较软，乳腺癌质地较硬。良性肿瘤的颜色一般接近其来源的正常组织，如血管瘤多呈红色或暗红色，脂肪瘤呈黄色。恶性肿瘤的切面多呈灰白或灰红色，但可因其含血量的多少、有无变性、坏死、出血，以及是否含有色素等而呈现各种不同的色彩（图 2 - 7 - 10、图 2 - 7 - 11）。

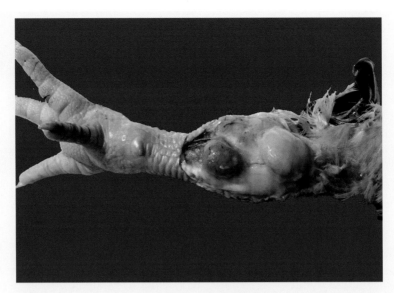

图 2-7-10　鸡腿部肿瘤

鸡腿部 2 个球形肿瘤结节。左为血管瘤，质韧，暗红色；右为脂肪瘤，质软，黄色。

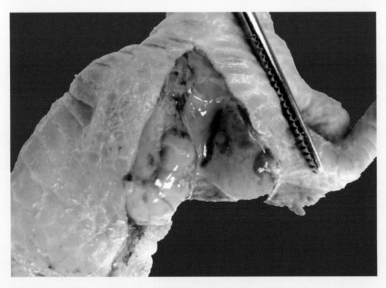

图 2-7-11　鸡爪肿瘤（禽白血病）

鸡趾间有半球状隆起的病灶，切面均质，白色，鱼肉样。

（二）肿瘤的生长方式和扩散

肿瘤的生长方式包括膨胀性生长、外生性生长和浸润性生长（图 2-7-1 ～ 图 2-7-9）。呈浸润性生长的肿瘤，不仅可以在原发部位继续生长，并向周围组织直接蔓延，而且还可以通过淋巴道转移、血道转移和种植性转移等途径扩散到身体其他部位继续生长，并形成与原发部位肿瘤组织学类型相同的肿瘤，这个过程称为转移。原发部位的肿瘤叫原发瘤，所形成的新肿瘤称继发瘤或转移瘤（图2－7－12、图2－7－13）。浸润是转移的基础，转移是恶性肿瘤最本质的表现。

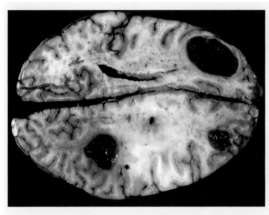

图2－7－12　黑色素瘤脑转移

脑内有多个境界清晰的黑褐色肿瘤结节，为黑色素瘤的脑转移瘤。

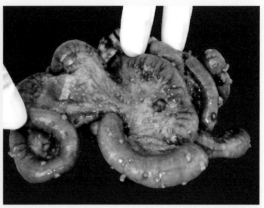

图2－7－13　种植性转移

病犬肠浆膜上密布数十个灰白色肿瘤结节，为卵巢癌的转移癌。（周庆国 摄）

（三）鸡马立克氏病

马立克氏病是鸡的一种淋巴组织增生性肿瘤病，病原属于疱疹病毒的 B 亚群（细胞结合毒）。家鸡易感染，火鸡、山鸡和鹌鹑等较少感染，哺乳动物不感染。根据临床表现，马立克氏病分为神经型、内脏型、皮肤型和眼型四种类型。

（1）神经型马立克氏病：常侵害周围神经，以坐骨神经和臂神经最易受侵害。当坐骨神经受损时，典型症状是病鸡一侧腿发生不完全或完全麻痹，站立不稳，两腿前后伸展，呈"劈叉"姿势（图2－7－14）。

图2－7－14　鸡马立克氏病（神经型）

病鸡因单侧坐骨神经受损，呈"劈叉"状。

图2－7－15　鸡马立克氏病（内脏型）

右侧盲肠见鸡蛋大的菜花状肿瘤，切面见肿瘤向肠腔内浸润及突起，有出血和溃疡。

（2）内脏型马立克氏病：常见于 50～70 日龄的鸡，肝、脾、性腺、肾、心脏、肺、腺胃、肌胃等多种内脏器官出现肿瘤。肿瘤多呈结节性，数量不一，大小不等，略突出于脏器表面，灰白色，切面呈鱼肉样（图 2-7-15）。

（3）皮肤型马立克氏病：较少见，主要表现为毛囊肿大或皮肤出现结节（图 2-7-16）。

（4）眼型马立克氏病：在病鸡群中很少见，其症状为病鸡瞳孔缩小，严重时仅有针尖大小，虹膜边缘不整齐，呈环状或斑点状，颜色由正常的橘红色变为弥漫性的灰白色，呈"鱼眼状"（图 2-7-17）。

 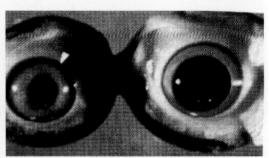

图 2-7-16　鸡马立克氏病（皮肤型）

鸡皮肤表面密布半球状隆起的肿瘤结节，结节中心可见坏死和溃疡。

图 2-7-17　鸡马立克氏病（眼型）

病鸡失明，瞳孔缩小，虹膜褪色，边缘不齐，如鱼眼状。右为正常对照。

（四）禽白血病

禽白血病是由禽白血病或肉瘤病毒群的病毒引起禽类（主要是鸡）的各种良性和恶性肿瘤的一类疾病，包括淋巴细胞性白血病、成红细胞性白血病、成髓细胞性白血病、骨髓细胞瘤、血管瘤、内皮瘤、肾真性瘤、纤维肉瘤和骨化石症等。

（1）淋巴细胞性白血病：剖检可见结节状、粟粒状或弥漫性灰白色肿瘤（图 2-7-18），主要见于肝、脾、法氏囊、肾、肺、性腺、心、骨髓和肠系膜等。结节性肿瘤大小不一，单个或多个；粟粒状肿瘤多见于肝，均匀分布于肝实质中。肝发生弥散性肿瘤时，肝均匀肿大，且颜色为灰白色，俗称"大肝病"（图 2-7-19）。

（2）成红细胞性白血病：可分增生型（胚型）和贫血型两种类型。增生型以血液中成红细胞大量增加为特点。特征病变为肝、脾、肾弥散性肿大，呈樱桃红色或暗红色，且质软易脆。骨髓增生、软化或呈水样，色呈暗红或樱桃红色。贫血型以血液中成红细胞减少、血液淡红色、显著贫血为特点。剖检可见内脏器官（尤其是脾）萎缩，骨髓色淡呈胶冻样。

（3）成髓细胞性白血病：外周血液中白细胞增加，其中成髓细胞占 3/4。骨髓质地坚硬，呈灰红或灰色。实质器官增大而脆，肝有灰色弥漫性肿瘤结节。晚期病例的肝、肾、脾出现弥漫性灰色浸润，使器官呈斑驳状或颗粒状外观。

（4）骨髓细胞瘤：特征病变是骨骼上出现暗黄白色、柔软、脆弱或呈干酪状的骨髓细胞瘤，通常发生于肋骨与肋软骨连接处、胸骨后部、下颌骨和鼻腔软骨处，也见于头骨的扁骨，常见多个肿瘤，一般两侧对称。

（5）血管瘤：见于皮下或内脏表面，血管腔高度扩大形成"血疱"，通常单个发生，"血疱"破裂可引起病禽严重失血致死。

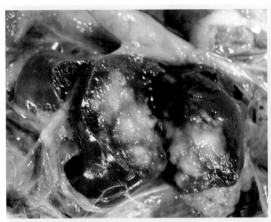

图2-7-18　鸡肝脏肿瘤（禽白血病）（1）
肝肿胀变形，切面见黄白色肿瘤结节呈浸润状生长，与周边组织界限不清。

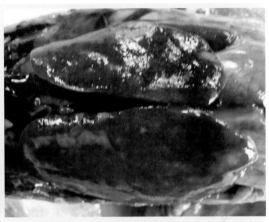

图2-7-19　鸡肝脏肿瘤（禽白血病）（2）
肝体积显著增大，几乎占据整个腹腔，肝实质中可见弥散性灰白色肿瘤灶，称"大肝病"。

二、组织学病变图谱

（一）肿瘤的异型性

由于分化程度不同，肿瘤的细胞形态和组织结构与相应的正常组织有不同程度的差异，病理学上将这种差异称为异型性（atypic）。异型性越大，表示肿瘤组织和细胞与相应正常组织的差异越大。肿瘤的异型性包括结构异型性和细胞异型性。肿瘤细胞形成的组织结构，在空间排列方式上与相应正常组织的差异，称为肿瘤的结构异型性。肿瘤细胞的异型性可有以下表现（图2-7-20）：

（1）肿瘤细胞的体积通常比相应正常细胞大。

（2）肿瘤细胞的大小和形态很不一致（细胞多形性），可出现瘤巨细胞，即体积巨大的肿瘤细胞。

（3）肿瘤细胞核的体积增大，胞核与胞质的比例（核质比）增高。

（4）核的大小、形状和染色差别较大（核的多形性），可出现巨核、双核、多核或奇异形核。核内DNA常增多，核深染；染色质呈粗颗粒状，分布不均匀，常堆积在核膜下。

（5）核仁明显，体积大，数目也可增多。

（6）核分裂象（mitotic figure）常增多，出现异常的核分裂象（病理性核分裂象），如不对称核分裂象、多极性核分裂象等。

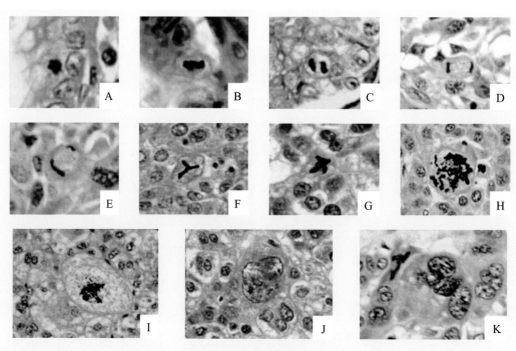

图2-7-20 肿瘤细胞的异型性

A～D示正常核分裂，E示不对称病理性核分裂，F，G示三极、四极病理性核分裂，H，I示流产形病理性核分裂，J示单核瘤巨细胞，K示多核瘤巨细胞。

（二）神经型鸡马立克氏病

神经型马立克氏病眼观受损害神经横纹消失，增粗水肿，灰色或黄色。镜下见神经纤维排列紊乱、肿胀、断裂，神经纤维间大量肿瘤细胞（成淋巴细胞）浸润，呈串珠状、灶状排列（图2-7-21A）。肿瘤细胞形态各异，有圆形、椭圆形、多边形等，胞核较正常为大，核仁明显，病理性核分裂象多见，细胞间界限不清（图2-7-21B），可见许旺氏细胞增生和髓鞘变性（图2-7-21C）。

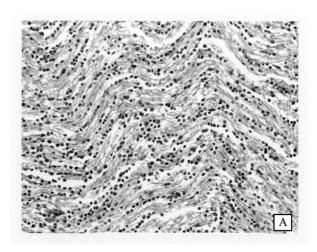

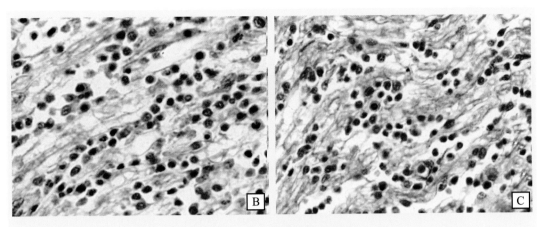

图2-7-21　神经型鸡马立克氏病

（三）淋巴细胞性禽白血病

　　禽白血病（avian leukaemia，AL）是指由属于反转录病毒的禽白血病病毒群造成的各种肿瘤性疾病，可表现为多种肿瘤形式。其中，淋巴细胞性白血病可在肝、脾及其他实质性器官表现为淋巴性肿瘤（图2-7-18、图2-7-19）。肿瘤的实质主要由典型的成淋巴细胞（淋巴母细胞，lymphoblast）和淋巴样瘤细胞（neoplastic lymphoid cells）构成。成淋巴细胞胞体较大；胞浆较多，嗜碱性；单核，核圆，染色较浅，呈空泡状。淋巴样瘤细胞呈圆形、类圆形、三角形等，核大，核染色质浓密，核质比例高。

　　肝组织中可见多量大小不等的肿瘤灶分布，肿瘤细胞为形态多样的成淋巴细胞，核分裂象多见，可见不对称、不规则、环状分裂等病理性核分裂象。肝结构严重破坏，肝索消失或排列紊乱，残余肝细胞变性、坏死（图2-7-22A，B）。骨髓中有大量淋巴样瘤细胞弥漫性浸润或灶状聚集，可见少量圆球形含嗜酸性颗粒的骨髓细胞残余（图2-7-22C）。肾中成淋巴细胞在皮质和髓质中呈灶状集聚，或浸润于肾间质中，瘤细胞中病理性核分裂象多见，肾小管上皮细胞肿胀、变性、坏死，甚至完全脱落（图2-7-22D）。腺胃黏膜上皮变性、坏死、脱落，固有层多量淋巴样瘤细胞呈灶状或弥漫状浸润（图2-7-22E）。脾结构模糊，红髓、白髓界限不清，脾小体消失，多量成淋巴细胞和淋巴样瘤细胞灶状或弥漫状浸润，肺弥漫性淤血、出血，可见大量形态多样的淋巴样瘤细胞浸润，或聚集成灶状，挤压肺组织，肺泡上皮细胞变性坏死。胰腺淤血，腺管上皮细胞变性坏死，间质中可见大量淋巴样瘤细胞灶状聚集。上述各组织器官的肿瘤病灶中，肿瘤细胞异型性明显，可见较多的病理性核分裂象（图2-7-22F）。

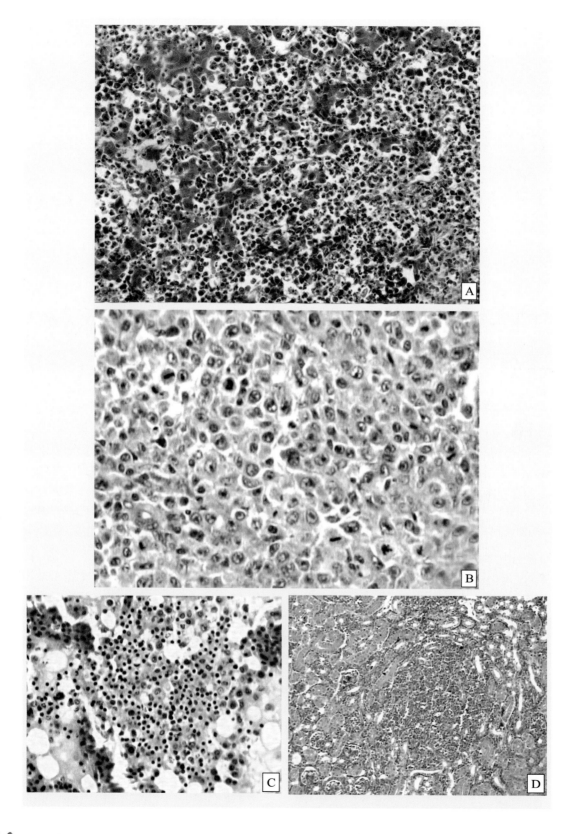

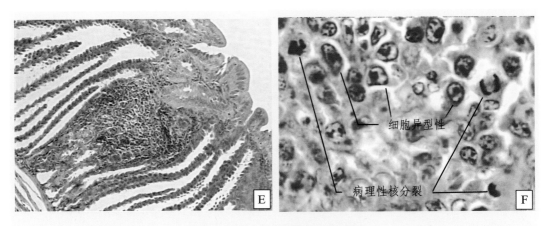

图 2 - 7 - 22　淋巴细胞性禽白血病

（四）血管瘤

图 2 - 7 - 23 所示为鸡皮下血管瘤。血管瘤组织由扩张的血窦构成，肿瘤组织内见血管内皮细胞大量增生，形成密集分布的血管腔（图 2 - 7 - 23A），可见形成于不同时期的血管管腔形态。

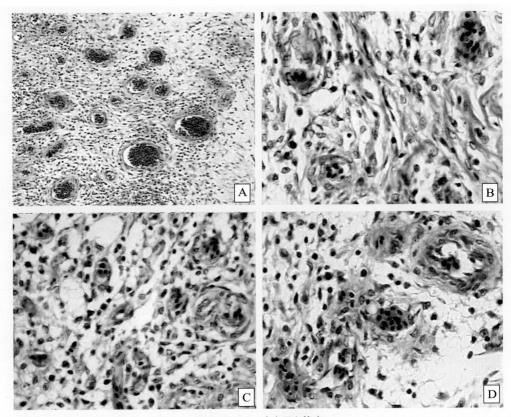

图 2 - 7 - 23　鸡皮下血管瘤

（1）增生早期：血管内皮细胞增生，细胞界限不清，形态大小各异，可呈椭圆形、类圆形、长方形、三角形等。细胞核呈圆形或椭圆形，染色较深。增生的内皮细胞形成无管腔的细胞团或细胞索（图2－7－23B）。

（2）增生中期：血管内皮细胞明显增生，发育成由胶原纤维支承的索状物和具有毛细管腔的网络，散在红细胞。结缔组织较增生早期略有增多。

（3）增生后期：逐渐形成管状结构。管腔大小与内皮细胞数量不成比例。新形成的毛细血管管腔小，管壁由增生的血管内皮细胞、纤维和基质构成，内皮细胞密度大，偶见成纤维细胞。大部分血管内可见红细胞通过（图2－7－23C）。

（4）增生晚期：血管腔数量明显增多，管壁变薄，管腔扩张，充满血液。血管间结缔组织增多，血管间距加大。内皮细胞数目减少，仍多呈梭形或立方状，胞质丰富，核大淡染（图2－7－23D）。

第八章

心血管系统病理

　　心血管系统是一个封闭的血液循环网，由心脏和血管组成。心脏是血液循环的动力器官，在神经和体液的调节下，不断地向全身运送氧气、营养物质、激素及抗体等，并从组织运出代谢产物，同时以血液循环维持机体各部分之间的沟通与联系，从而保证机体各器官系统的正常生理活动。因此，当心脏血管系统在机能与结构上发生改变时，必将引起全身性血液循环障碍，进而影响其他器官的机能。心血管系统病理主要包括各种炎症过程。

　　心包炎是指心包的壁层和脏层浆膜的炎症。动物的心包炎多呈急性经过，多见于猪、牛、羊及禽。通常伴发于其他疾病过程中，有时也以独立疾病形式表现（如牛创伤性心包炎）。

　　心肌炎是指心肌的炎症，动物的心肌炎通常在传染病、中毒、寄生虫以及变态反应等因素作用下，伴发于各种全身性疾病过程中。

　　心内膜炎是指心内膜的炎症。根据发生部位，可分为瓣膜性、心壁性、腱索性和乳头肌性心内膜炎。依照心内膜炎的病变特点，又分为疣状血栓性心内膜炎和溃疡性心内膜炎两种类型。

　　脉管炎可分为动脉炎和静脉炎两类。动脉炎是指动脉管壁的炎症，依炎症侵害的部位可分为动脉内膜炎、动脉中膜炎和动脉周围炎。如果动脉管壁各层均发炎，则称为全动脉炎。

一、大体病变图谱

（一）心包炎

　　心包炎按其炎性渗出物的性质可分为浆液性、纤维素性、化脓性、出血性等类型，但兽医临床诊断上最常见的是浆液-纤维素性心包炎。浆液性心包炎表现为心包膜血管扩张充血，间或可见出血斑点，心包腔因蓄积大量渗出液而明显膨胀，腔内有大量淡黄色浆液性渗出物（图2-8-1），若混有脱落的间皮细胞和白细胞则变浑浊。化脓性心包炎以心包腔内渗出多量脓液为特征（图2-8-2）。纤维素性心包炎的症状为：渗出的纤维素凝结为黄白色絮状或薄膜状物，附着于心包脏层、壁层和悬浮于心包腔内的渗出液中。如果炎症时间持久，覆盖在心外膜表面的纤维素，因心脏搏动而形成绒毛状外观，则称为"绒毛心"（图2-8-3）。慢性经过时，被覆于心包壁层和脏层上的纤维素往往发生机化，外观呈盔甲状，称"盔甲心"（图2-8-4）。

图2-8-1　浆液性心包炎（猪链球菌病）

心包扩张，心包腔内充满多量淡黄色略浑浊的浆液。浆液暴露于空气中不久便凝固。

图2-8-2　化脓性心包炎

病鸡心包腔内充盈黄色脓液，心包膜增厚，血管充血。

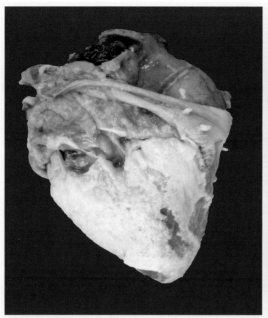 

图2-8-3　绒毛心（副猪嗜血杆菌病）　　　　　　图2-8-4　盔甲心（副猪嗜血杆菌病）

纤维素性心包炎，心包脏层被覆纤维素，如绒毛状。　　　被覆于心包壁层和脏层的纤维素发生机化，外观呈盔
心包壁层增厚，可见机化灶。　　　　　　　　　　　　甲状，称"盔甲心"。

（二）心肌炎

引起心肌炎的主要原因是生物性因素，如病毒、细菌、螺旋体、真菌和寄生虫感染等，其中以病毒和细菌性心肌炎最常见。实质性心肌炎呈急性经过，心肌纤维的变质性变化往往较渗出和增生过程明显。心肌呈暗灰色，质地松软，心腔常呈扩张状态，尤以右心室明显。炎性病变呈灶状分布，因而可见许多灰红色或灰黄色的斑点状或条索状病变区，与红色的心肌交错排列，形似虎皮的斑纹，称"虎斑心"（图2-8-5、图2-8-6）。间质性心肌炎以心肌的间质渗出变化明显、炎性细胞呈弥漫性或结节状浸润，而心肌纤维变化比较轻微为特征，可发生于传染性和中毒性疾病过程中，眼观其病变与实质性心肌炎极为相似，主要根据镜下病变诊断。化脓性心肌炎以心肌内形成大小不等的脓肿灶为病变特征。

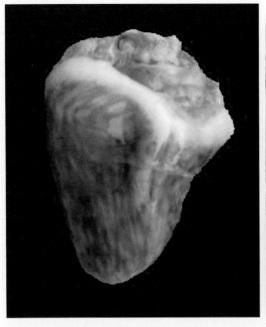

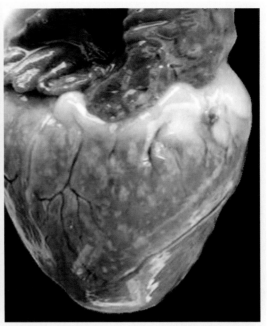

图 2-8-5　虎斑心（禽流感）

鸡心肌坏死，呈灰白色条纹状，与红色心肌交错分布呈虎斑样。

图 2-8-6　虎斑心（口蹄疫）

猪心肌坏死，大小不等、界限不清的灰白色坏死灶分布于红色心肌中，呈虎斑样。

（三）心内膜炎

　　动物的心内膜炎通常由细菌感染引起，常常伴发于慢性猪丹毒、链球菌、葡萄球菌、化脓棒状杆菌等化脓性细菌的感染过程中。疣状血栓性心内膜炎以心瓣膜损伤轻微和形成疣状赘生物为特征（图 2-8-7）。早期在心瓣膜表面可见微小、呈串珠状或散在的、灰黄色或灰红色、易脱落的疣状物（系白色血栓）。溃疡性心内膜炎又称败血性心内膜炎，其病变特征是心瓣膜受损较严重，炎症达瓣膜的深层并呈现明显的坏死和大的血栓性疣状物形成，眼观病变的早期在瓣膜上出现淡黄色浑浊的小斑点，逐渐增大并相互融合成干燥、表面粗糙的坏死灶（图 2-8-8），而后发生脓性分解形成溃疡，病变严重者可损及腱索和乳头肌（图 2-8-9）。

（四）心力衰竭

　　心力衰竭是指在多种致病因素作用下，心泵功能发生异常变化，导致心血输出量绝对减少或相对不足，以致不能满足机体组织细胞代谢需要，出现明显的临床症状和体征的病理过程（图 2-8-10）。

图 2 - 8 - 7　疣状血栓性心内膜炎

心瓣膜表面可见菜花状、灰红色、表面粗糙，质脆易碎的疣状赘生物。

图 2 - 8 - 8　疣性和溃疡性心内膜炎

心瓣膜附着多个血栓性疣状物，脱落后形成溃疡。

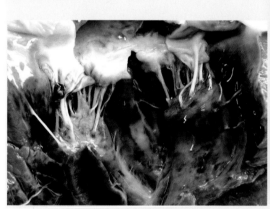

图 2 - 8 - 9　溃疡性心内膜炎

病猪心内膜出现多个大小不等的出血和溃疡灶，乳头肌与心内膜相连处明显出血。

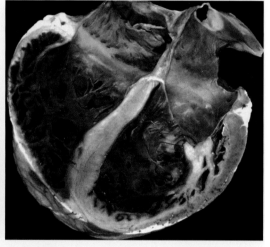

图 2 - 8 - 10　心力衰竭（心脏肌源性扩张）

心脏体积增大，心室明显扩张，心肌变薄，柔软松弛，心力衰竭。

二、组织学病变图谱

（一）病毒性心肌炎

　　口蹄疫是由小核糖核酸病毒科的口蹄疫病毒引起偶蹄兽的一种急性、热性和高度接触性传染病。临床诊断上以口腔黏膜、鼻吻部、蹄部以及乳房皮肤发生水疱和溃烂为特征。猪患恶性口蹄疫时，水疱形成不明显但死亡率高，病猪常死于急性心力衰竭，尸检常见"虎斑心"（图 2 - 8 - 6）。镜下表现是以心肌变性、蜡样坏死和淋巴细胞渗出为主的炎症过程。心肌纤维受压萎缩变细，排列紊乱、断裂，横纹消失（图2-8-11A，B）。肌纤维蜡样坏死，出现嗜伊红深染的均质化团块；局灶性肌纤维溶解，肌纤维间隙增宽，浸润大量以单核细胞和淋巴细胞为主的炎性细胞（图2-8-11C，D）。

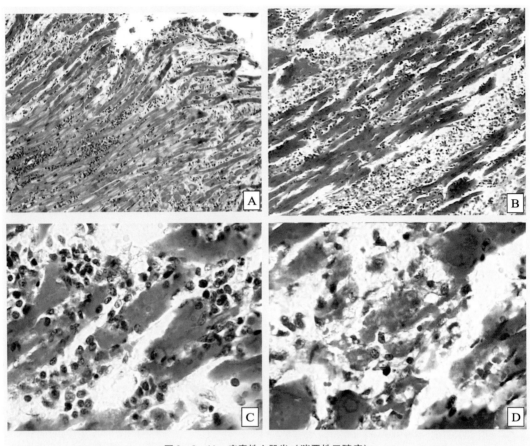

图2-8-11　病毒性心肌炎（猪恶性口蹄疫）

（二）纤维素性心包炎

纤维素性炎症以纤维蛋白原渗出并在炎症灶内形成纤维素为主。病猪患纤维素性心包炎时，眼观可呈"绒毛心"外观，多见于巴氏杆菌、副猪嗜血杆菌、大肠杆菌等传染性疾病（图2-8-3、图2-8-4）。光镜下，可见心外膜增厚，血管扩张充血，大量红染的纤维素交织呈丝网状附着于心外膜，心外膜明显增厚（图2-8-12A，B）；纤维素可表现为丝网状或团块状，其间混杂多量中性粒细胞、坏死细胞碎屑和一定量的巨噬细胞和淋巴细胞（图2-8-12C）；病程较长时，可见肉芽组织增生，逐渐机化和取代纤维素和坏死组织（图2-8-12D）。

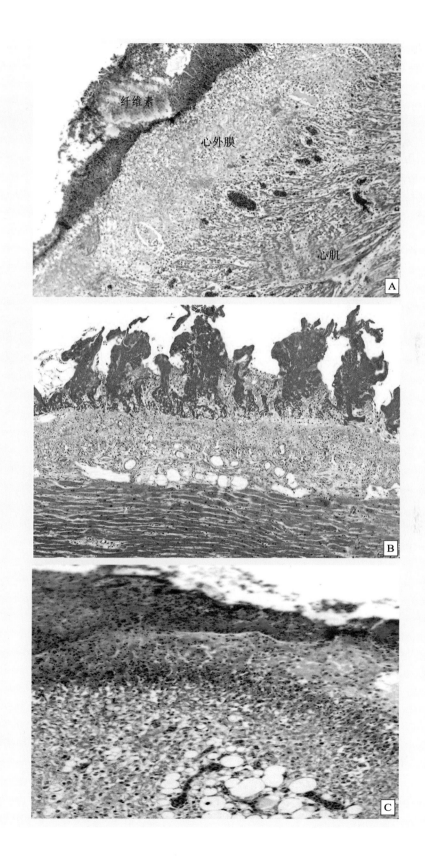

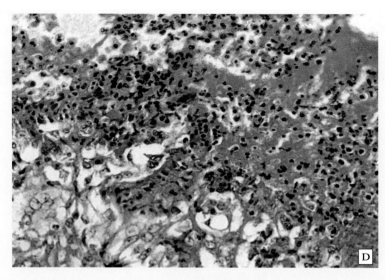

图2-8-12　纤维素性心包炎

第九章

呼吸系统病理

呼吸系统是机体与外界相通的主要门户，随空气进入呼吸道的病原微生物及有害物质常可导致炎症性疾病的发生。炎症性疾病是呼吸系统最常见的一类疾病，主要包括鼻炎、鼻窦炎、咽炎、喉炎、气管炎、支气管炎、细支气管炎和肺炎等。

肺炎是指肺组织发生的急性渗出性炎症，为呼吸系统的一种常见疾病。根据病因、病变范围和部位以及炎症性质的不同进行分类，肺炎可分为许多类型。①按照病因可分为细菌性肺炎、病毒性肺炎、霉形体性肺炎、立克次氏体性肺炎、霉菌性肺炎、寄生虫性肺炎、中毒性肺炎和吸入性肺炎等；②按病变累及的部位和病变范围大小，又可将肺炎分为小叶性肺炎、融合性肺炎、大叶性肺炎和间质性肺炎；③按炎性渗出物的性质，可将肺炎分为浆液性、卡他性、纤维素性、化脓性、出血性和坏疽性肺炎等。

肺气肿是指肺组织内空气含量过多，肺体积膨大。按肺气肿病变发生的部位分为肺泡性肺气肿和间质性肺气肿两种，临床上以肺泡性肺气肿较为多见。

一、大体病变图谱

（一）支气管肺炎

支气管肺炎是指炎症首先由支气管开始，继而蔓延到细支气管和所属的肺泡组织。由于其病变多局限于肺小叶范围，所以又称为小叶性肺炎（图 2-9-1）。其炎性渗出物以浆液和剥脱的上皮细胞为主，因而也称为卡他性肺炎或浆液性肺炎。支气管肺炎常侵犯左右两肺叶，好发于肺的尖叶、心叶和膈叶的前下部。发炎的肺组织坚实，病灶部表面因充血呈暗红色，散在或密布多量粟粒、米粒或黄豆粒大的灰黄色病灶（图 2-9-2）。病灶的中心常见有一个细小的支气管，用手压迫见支气管断端流出灰黄色浑浊液体。有时支气管被栓子样炎性渗出物堵塞，支气管黏膜潮红、肿胀。病灶部的间质及周围组织发生炎性水肿。

（二）纤维素性肺炎

纤维素性肺炎是以细支气管和肺泡内填充大量纤维素性渗出物为特征的急性炎症。此型肺炎常侵犯一侧肺或全肺，通常又称之为大叶性肺炎。引起纤维素性肺炎的病原菌较多，常见的有支原体、链球菌、嗜血杆菌、胸膜肺炎放线杆菌、巴氏杆菌等，多经呼吸道感染，然后迅速沿支气管树扩散。典型的纤维素性肺炎通常以肺间质和肺实质高度充血开始，依次经历充血水肿期（图 2-9-3）、红色肝变期（图 2-9-4）、灰色肝变期（图

2-9-5）、消散期等四个不同病理过程，各个时期的肺组织病变各不相同。家畜的纤维素性肺炎常会在同一病变肺叶上显示出四个不同时期，故外观呈大理石样（图2-9-6）。纤维素性渗出物常累及胸膜，导致纤维素性胸膜肺炎（图2-9-7、图2-9-8）。

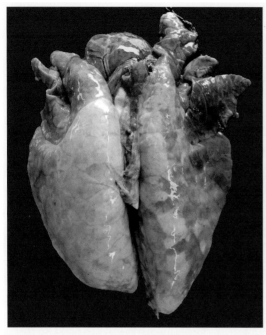

图2-9-1 猪小叶性肺炎

左肺岛屿状分布数个暗红色肺小叶，质地坚实，边界清楚。

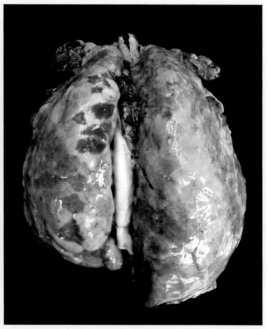

图2-9-2 猪小叶性肺炎（猪蓝耳病）

病灶以小叶群为单位，质地较实，暗红色，边界清楚，病灶周围的肺组织苍白隆起，呈海绵状。

图2-9-3 大叶性肺炎（充血水肿期）

猪肺叶增大，呈暗红色，肺组织充血水肿，切面呈红色，流出多量血样泡沫状液体。

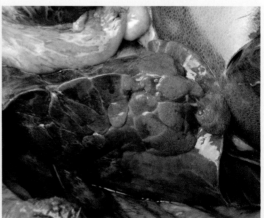

图2-9-4 大叶性肺炎（红色肝变期）

猪肺呈暗红色，质实如肝。部分肺小叶呈代偿性气肿。

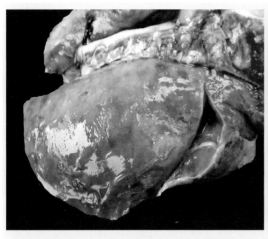

图2-9-5　大叶性肺炎（灰色肝变期）
猪肺呈灰红色，质实如肝。被膜增厚，被覆一层白色
纤维素，浑浊不透明。

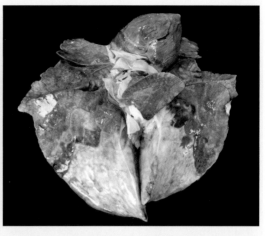

图2-9-6　猪纤维素性胸膜炎（大理石样变）
猪肺上显示纤维素性肺炎的不同病变时期，呈大理石
样外观。

　　发生纤维素性肺炎的病畜多在红色肝变期和灰色肝变期死亡。动物纤维素性肺炎的完全消散很少见，在恢复期常因机化导致肺肉变（图2-9-9）。胸膜的纤维素性渗出物常因机化而致局部肥厚或粘连（图2-9-10）。

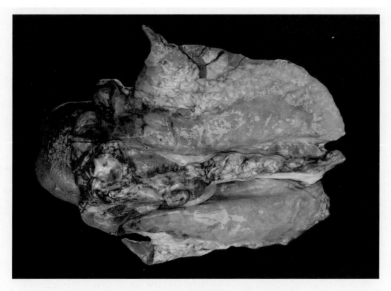

图2-9-7　纤维素性胸膜肺炎（猪链球菌病）
猪肺表面被覆多量白色纤维素，肺脏质地坚实，小块肺组织沉于水底。

图2-9-8　猪纤维素性胸膜炎

胸膜表面粗糙，附着一层白色纤维素性渗出物，胸膜血管充血、出血。

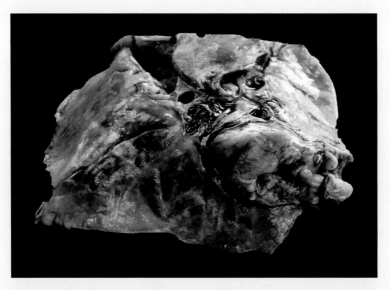

图2-9-9　肺肉变

猪肺体积萎缩，边缘锐薄，结构致密，色泽暗红，质地坚实，呈"肉"样。

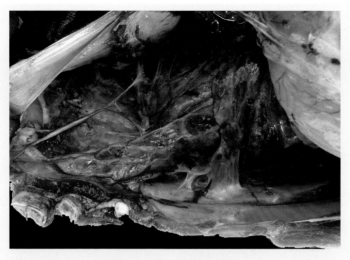

图2-9-10 肺与胸膜粘连

纤维素性肺炎后期，猪肺与胸膜多处因机化而发生粘连。

（三）间质性肺炎

间质性肺炎是以肺间质结缔组织呈局灶性或弥漫性增生为特征的一种炎症。常见于病毒（流感病毒、犬瘟热等）、支原体（如猪支原体肺炎）、寄生虫（猪肺丝虫病、蛔虫、弓形虫等）和一些细菌感染（布鲁氏菌、大肠杆菌、沙门氏菌、嗜热性放线菌等）。各种病原体通过呼吸道传染或血源性感染引起间质性肺炎。间质性肺炎的病变可广泛分布于全肺（图2-9-11），或主要在膈叶的背后侧（图2-9-12），呈小灶状分布，灰红色或灰

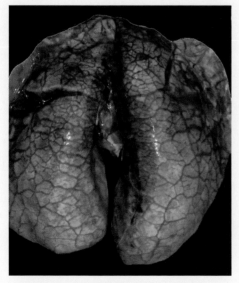

图2-9-11 间质性肺炎（猪蓝耳病）

肺间质水肿，弥漫性增宽，肺小叶分界明晰。

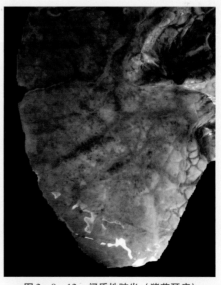

图2-9-12 间质性肺炎（猪蓝耳病）

肺间质明显水肿、增宽，肺小叶明显，肺表面弥漫性点状出血。

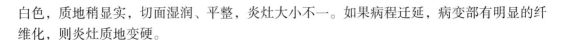
白色，质地稍显实，切面湿润、平整，炎灶大小不一。如果病程迁延，病变部有明显的纤维化，则炎灶质地变硬。

（四）霉菌性肺炎

曲霉菌病是人兽共患的真菌性传染病，主要侵害呼吸系统。其主要病理变化特征为形成肉芽肿结节。多发于鸡、鸭等禽类，马、牛等哺乳动物及人类均可感染，其中以雏禽最易感染，常造成大批死亡。霉菌性肺炎主要是由霉菌和霉菌孢子引起。霉菌孢子在自然界中分布较广，在潮湿的环境下很快发育，当机体抵抗力降低时容易发生感染。霉菌及霉菌孢子侵入呼吸道后，在影响呼吸道黏膜发育的同时，引起局部炎症反应，在肺部形成大小不等的肉芽肿结节，在结节中心可见坏死或化脓灶，其中含有霉菌丝，周围有结缔组织包囊（图2－9－13）。有些病例可在气囊上见到霉菌团块（图2－9－14）。

图2－9－13　霉菌性肺炎
雏鸡肺脏肿胀出血，切面见黄豆大绿色霉菌灶，周边结缔组织增生，形成典型的肉芽肿结节。

图2－9－14　霉菌性气囊炎
病鸭气囊见花生粒大的绿白色霉菌灶，气囊膜增厚，略浑浊。肺充血、出血。

（五）肺气肿

肺气肿是指肺组织内空气含量过多，肺体积膨大。它大多不是一种独立疾病，而是支气管和肺疾病的并发症。按肺气肿病变发生的部位分为肺泡性肺气肿和间质性肺气肿。肺泡性肺气肿在临床上较为多见，肺体积显著膨大，被膜紧张，肺组织柔软而缺乏弹性，指压留痕。由于肺组织受气体压迫而相对缺血，肺呈淡粉红色，刀刮肺表面常发出捻发音，肺切面呈海绵状（图2-9-15、图2-9-16）。浮游试验时，气肿的肺组织漂浮于水面之上。间质性肺气肿是因强烈、持久的深呼吸和胸部外伤，使细支气管和肺泡发生破裂，空气进入肺间质而引起。此外，硫、磷、柞树叶、牛黑斑病、甘薯中毒和牛再生草热也可导致间质性肺气肿。间质性肺气肿时，肺膜下和肺小叶间结缔组织内存有大小不等的连串气泡，气泡可相互融合（图2-9-17）。如果胸膜下气泡破裂，可形成气胸。

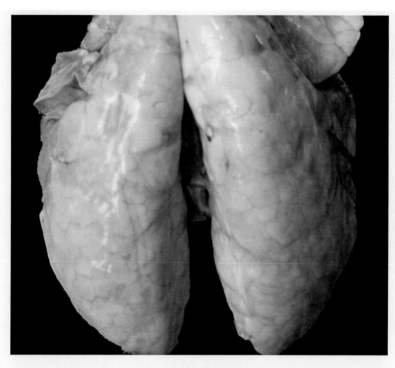

图2-9-15 肺泡性肺气肿
病猪肺呈淡粉红色，显著膨大，被膜紧张，柔软而缺乏弹性。

图 2 - 9 - 16 肺泡性肺气肿

病猪肺表面有多个以小叶群为单位、苍白隆起、结构疏松的海绵状气肿病灶。

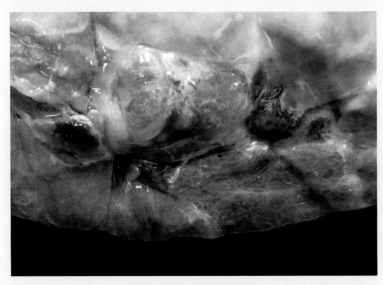

图 2 - 9 - 17 间质性肺气肿

病猪肺被膜下和间质中出现大小不等的串珠状气泡，局部可见较小的气泡融合
为大气泡，被膜菲薄透明。

二、组织学病变图谱

(一) 支气管肺炎

支气管肺炎是肺炎的最基本形式，其炎性渗出物以浆液和剥脱的上皮细胞为主，组织

学病变分层明显（图 2 - 9 - 18）。有以下特征：

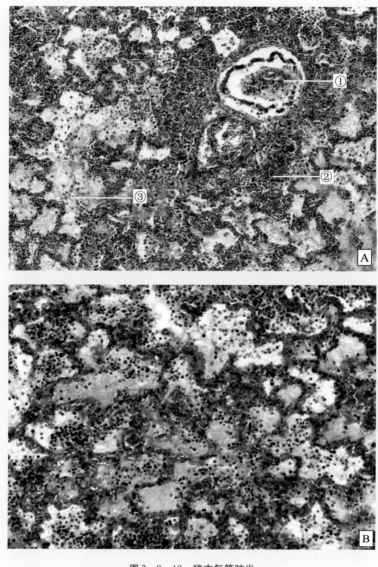

图 2 - 9 - 18　猪支气管肺炎
①—细支气管；②—周围肺泡；③—外围肺泡

（1）病灶以细支气管为中心，细支气管管壁增厚、充血、水肿，管腔内充满红染的
浆液、嗜中性粒细胞、巨噬细胞、红细胞和脱落的支气管上皮细胞；

（2）细支气管周围肺泡的肺泡壁毛细血管扩张、充血，肺泡内也充满了上述炎性渗
出物和脱落的肺泡上皮细胞，可见少量的粉红色纤维素；

（3）炎症病灶外围的肺泡腔扩张，呈现炎性肺水肿和局灶性代偿性肺气肿变化。

（二）纤维素性肺炎

纤维素性肺炎的渗出物中细胞的成分和比例变化相差很大，主要取决于致病微生物的种类。如果是化脓性细菌感染，渗出物主要由中性粒细胞构成，称为化脓性肺炎。肺炎双球菌感染引起的大叶性肺炎，渗出物主要是纤维素。在牛和猪的肺疫及传染性胸膜肺炎时，渗出物以纤维素为主要成分。猪纤维素性肺炎镜检见肺泡腔内充满多量渗出物，肺泡壁因受压而贫血（图2－9－19A），渗出物以中性粒细胞、粉红色丝网状纤维素为主，可见少量的巨噬细胞及浆液（图2－9－19B）；渗出的纤维素可穿过肺泡孔，或累及被膜（图2－9－19C），细小的纤维素丝可合并而成团块状，中性粒细胞坏死崩解（图2－9－19D）。

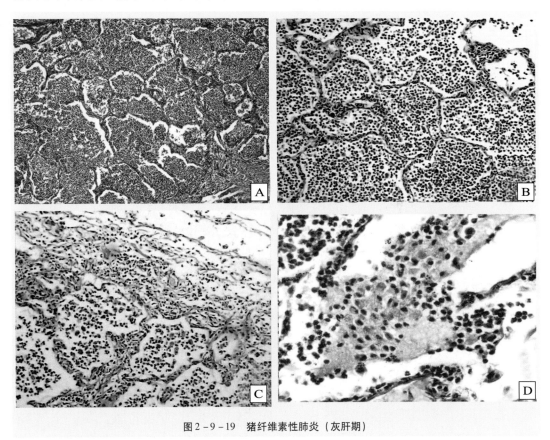

图2－9－19　猪纤维素性肺炎（灰肝期）

（三）间质性肺炎

图2－9－20所示为非洲猪瘟间质性肺炎病变。非洲猪瘟（african swine fever，ASF）是由非洲猪瘟病毒（african swine fever virus，ASFV）感染家猪和各种野猪引起的一种急性、烈性、出血性传染病。世界动物卫生组织将其列为法定报告动物疫病。ASFV属于双链DNA病毒目、非洲猪瘟病毒科、非洲猪瘟病毒属，该科仅有ASFV一个属，也是目前唯一已知核酸为DNA的虫媒病毒。不同毒力的ASFV导致的病理变化差异较大。最急性病例病猪往往还未充分表现出明显病变就已经死亡，急性病例的主要病变包括全身出血和

淋巴组织的坏死等。肺的早期病变主要是出血和水肿，随病情发展可见间质性肺炎，甚至小叶性肺炎。

（1）炎症主要侵犯支气管壁，特别是细支气管周围、血管周围、小叶间隔和肺泡间隔。血管充血、出血，肺泡壁明显增厚，可见代偿性肺气肿（图2-9-20A）。

（2）肺间质中以淋巴细胞浸润为主，可见多量巨噬细胞、红细胞，纤维结缔组织增生（图2-9-20B）。

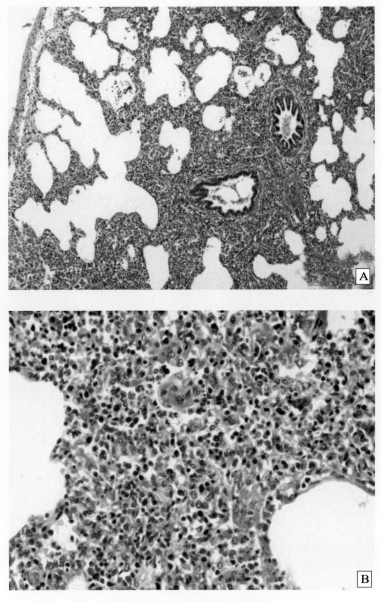

图2-9-20　间质性肺炎（非洲猪瘟）

（四）慢性传染性胸膜肺炎

猪传染性胸膜肺炎是由胸膜肺炎放线杆菌引起的一种高度传染性呼吸道疾病，又称为猪接触性传染性胸膜肺炎。以急性出血性纤维素性胸膜肺炎和慢性纤维素性坏死性胸膜肺炎为特征，急性型呈现高死亡率。眼观病变主要见于肺和呼吸道，肺呈紫红色。肺炎区出现纤维素性物质附于胸膜和肺表面。肺肝变、出血、间质增宽，肺门淋巴结显著肿大。亚急性期和慢性期则主要以巨噬细胞浸润、坏死灶周围有大量纤维素性渗出物及纤维素性胸膜炎为特征。镜下可见胸膜明显增厚，肉芽组织增生，胸膜表面附着红色纤维素和细胞坏死碎屑，胸膜下炎性水肿（图2－9－21A）；肺泡间隔增宽，细支气管周围间质增生，间质中有多量巨噬细胞、淋巴细胞和少量红细胞浸润，肺泡受压萎缩或者消失，局部可见代偿性肺气肿（图2－9－21B）。

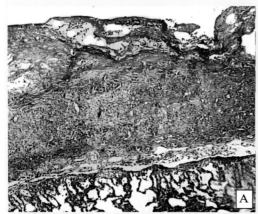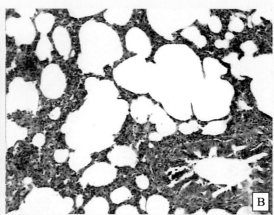

图2－9－21　猪慢性传染性胸膜肺炎

第十章

消化系统病理

消化系统包括消化管和消化腺。消化管是由口腔、食管、胃、肠及肛门组成的连续的管道系统。消化腺包括涎腺、肝、胰及消化管的黏膜腺体等，有消化、吸收、排泄、解毒以及内分泌等功能。消化系统是体内易于发生疾病的部位，胃炎、肠炎、肝炎、肝硬化等是临床上最常见的疾病。

一、大体病变图谱

（一）胃炎

急性卡他性胃炎是最常见的一种胃炎类型，以胃黏膜表面被覆多量黏液为特征，可由温热、病毒、细菌、寄生虫和霉败饲料等的直接刺激引起，也可由多种特异性的传染病间接引起，常见于猪瘟、猪丹毒、猪传染性胃肠炎等传染性疾病中，眼观胃黏膜全部或部分充血、潮红，以胃底部最严重，被覆大量黏液，并常有出血点和糜烂。出血性胃炎以胃黏膜弥漫性或斑点状出血为特征，由强烈的化学物质（例如砷）和霉败饲料的刺激所引起，或伴发于某些传染病过程中，如败血性猪丹毒。纤维素性胃炎以黏膜表面渗出大量纤维素性渗出物为特征，由较强烈的致病刺激物引起，也伴见于某些传染病过程，如猪瘟（图2-10-1）。坏死性胃炎是以胃黏膜坏死和形成溃疡为特征，常发生于猪瘟、猪丹毒及猪坏死性肠炎，也见于应激反应和某些寄生虫感染。眼观胃黏膜表面有大小不等的坏死病灶，病灶呈圆形或不规则形，浅的病灶仅见糜烂，深的溃疡可达整个黏膜层（图2-10-2），有时可造成胃穿孔，引起弥漫性腹膜炎。

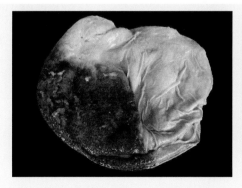

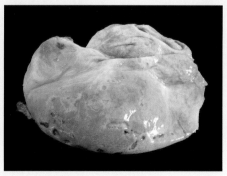

图2-10-1　猪纤维素性出血性胃炎（猪瘟）
胃底区黏膜肿胀，深红色，胃黏膜表面附着少量黄色纤维素性渗出物。

图2-10-2　猪坏死性胃炎
胃黏膜面有多发性不规则溃疡灶，有的溃疡已经深达浆膜层，胃黏膜潮红。

（二）肠炎

急性卡他性肠炎以肠黏膜被覆多量浆液和黏液性渗出物为特征，为临床上最常见的一种肠炎类型。病因除与急性卡他性胃炎相同外，还可继发于流感和猪瘟等传染病。其病理变化与急性卡他性胃炎相似，主要发生于小肠段，肠黏膜表面附有大量黏液，黏膜潮红肿胀（图2－10－3），有时呈点状或线状出血，肠壁孤立，淋巴滤泡和淋巴结肿胀，形成灰白色结节，呈半球状凸起。

图2－10－3　卡他性肠炎

水肿，出现皱褶。肠腔内有多量黄色黏液渗出。肠壁增厚，树枝状充血。

出血性肠炎以肠黏膜明显出血为特征，多由强烈的化学毒物、微肠黏膜生物或寄生虫感染引起，如鸡霍乱、球虫病、急性猪丹毒、猪痢疾等。眼观可见肠黏膜呈斑块状或弥漫状出血，表面覆盖多量红褐色黏液，有时有暗红色血凝块。肠内容物混有血液，呈淡红色或紫红色，肠壁明显增厚（图2－10－4）。

纤维素性肠炎是以肠黏膜表面被覆纤维素性渗出物为特征的炎症，常由强烈毒物、霉败饲料、细菌及病毒引起，如猪瘟、鸡副伤寒等。眼观可见肠黏膜充血、出血和水肿，渗出多量纤维素，形成薄层、黄褐色的纤维素性假膜。如果假膜易于剥离，称浮膜性肠炎（图2－10－5）；如果假膜干硬，不易剥离，则称固膜性肠炎或纤维素性坏死性肠炎，若强行剥离假膜可形成溃疡。纤维素性坏死性肠炎在猪副伤寒时于大肠和回肠形成弥漫性或局灶性固膜性炎，黏膜表面似糠麸状（图2－10－6）。在猪瘟时，常于盲肠、结肠和回盲口处形成轮层状坏死，称扣状肿（图2－10－7）。

图2－10－4　出血性肠炎

肠黏膜水肿，肠壁出血严重，整个肠段呈鲜红色，黏膜面被覆黏液。

图2－10－5　浮膜性肠炎（小鹅瘟）

肠壁增厚，肠黏膜光滑潮红。肠内容物被渗出的黄白色纤维素包裹，呈"腊肠状"外观。

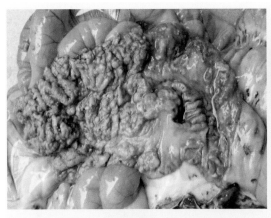

图2-10-6　固膜性肠炎（仔猪副伤寒）

肠壁增厚，黏膜面布满圆形或不规则形状病灶，表面附有黄色糠麸状纤维素性渗出物，局部可见溃疡灶。

图2-10-7　固膜性肠炎（猪瘟）

猪结肠黏膜面见多个指头大小的暗绿色圆形病灶，表面呈轮层状结痂（扣状肿），紧附于肠壁之上。

（三）肠套叠

肠套叠是指一段肠管套入与其相连的肠腔内，并导致肠内容物通过障碍，而引起肠梗阻。肠套叠在纵断面上一般分为三层：外层、内筒和中筒。外层为肠套叠鞘部或外筒，套入部为内筒和中筒。肠套叠套入最远处为头部或顶端，肠管从外面套入处为颈部。肠套叠多为顺行性套叠，与肠蠕动方向一致。肠套叠发生后，套入部随着肠蠕动不断推进，该段肠管及其肠系膜也一并套入鞘内，颈部紧束使之不能自动退出。由于鞘层肠管持续痉挛，致使套入部肠管发生循环障碍，初期静脉回流受阻，组织充血水肿，静脉扩张（图2-10-8），黏膜细胞分泌大量黏液，进入肠腔内，与血液及粪质混合呈果酱样胶冻状排出。进一步发展，导致肠壁水肿、静脉回流障碍加重，使动脉受累，供血不足，最终发生肠壁坏死（图2-10-9）。

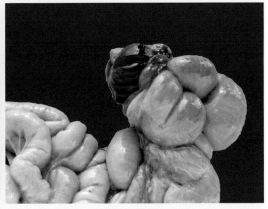

图2-10-8　小肠型肠套叠

猪小肠套叠，颈部紧束，肠系膜血管淤血。

图2-10-9　结肠型肠套叠

病猪结肠套叠，肠壁肿胀、坏死、出血。

（四）肝炎和肝周炎

肝炎是指肝在某些致病因素的作用下发生的以肝细胞变性、坏死或间质增生为主要特征的一种炎症过程，是动物常见的一种肝病变。变质性肝炎以肝细胞严重变性、坏死为主要特征，常为急性肝炎的初期表现；眼观可见肝稍肿大，呈黄褐或土黄色，表面和切面呈现大小不等、形状不整的出血性病灶。坏死性肝炎以肝坏死为主要特征，眼观可见肝表面或切面出现大小不等的灰黄色或灰白色的斑块或小点（图 2－10－10、图 2－10－11）。病毒性肝炎的病变除上述肝炎所见病变外，尚可见出血、间质结缔组织增生等病变（图 2－10－12）。

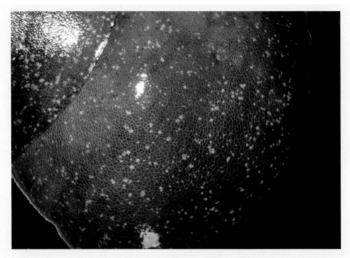

图 2－10－10　坏死性肝炎（猪伪狂犬病）
肝脏表面和实质中弥散分布白色坏死灶，部分坏死灶被红色出血灶包裹。

图 2－10－11　坏死性肝炎（番鸭呼肠孤病毒病）
番鸭肝脏肿胀，密布针尖至针头大小的灰白色坏死点。

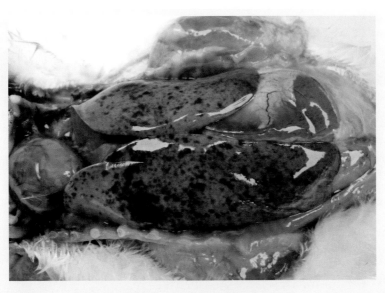

图 2 - 10 - 12　雏鸭病毒性肝炎

肝脏肿胀，弥散性分布大小不一的出血斑点。

　　肝周炎是指肝被膜的纤维素性炎症，常见于禽大肠杆菌病、鸭传染性浆膜炎等疾病过程，伴发于气囊炎、心包炎、腹膜炎。眼观可见肝肿大，被膜增厚，初期可见肝边缘有大量橘黄色胶冻状物附着。随着病程延长，肝被膜附着的纤维素性假膜可发生机化，被膜下散在大小不一的出血点及坏死灶（图 2 - 10 - 13）。

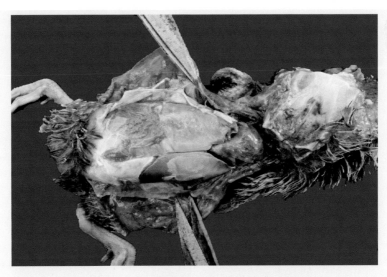

图 2 - 10 - 13　纤维素性肝周炎（鸭大肠杆菌病）

肝脏及心包被覆黄白色纤维素性假膜，右侧肝包膜已发生机化。

(五) 胰腺炎

胰腺炎一般是指由各种原因引起胰腺酶的异常激活导致胰腺自身消化所造成的胰腺炎性疾病。急性胰腺炎是胰腺及其周围组织被胰腺酶消化所引起的急性炎症，主要表现为胰腺水肿、出血及坏死。通常与感染（如禽流感）、胰液排出障碍（如蛔虫、肝片吸虫、华支睾吸虫寄生）和胆道系统疾病（如胆管炎症、结石）有关。病理变化主要表现为胰腺炎性水肿、出血及坏死。眼观可见胰腺肿大，质地柔软，暗红色，表面散见大小不等、黄白色斑点状或小团块的半透明坏死灶（图 2 – 10 – 14、图 2 – 10 – 15）。

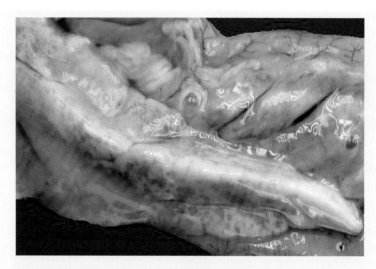

图 2 – 10 – 14　胰腺炎（禽流感）
病鹅胰腺散布多量形状不规则、边缘不整齐的半透明状病灶。

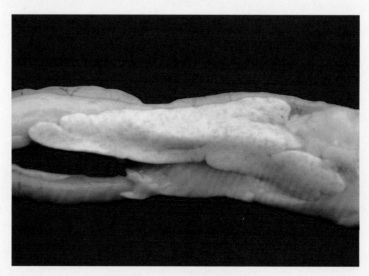

图 2 – 10 – 15　胰腺炎（禽流感）
病鸡胰腺色苍白，密布针头至芝麻大小的半透明病灶。

二、组织学病变图谱

（一）纤维素性坏死性肠炎

图 2 – 10 – 16 所示是慢性猪瘟病变。猪瘟俗称"烂肠瘟"，是由猪瘟病毒引起的一种急性、热性、接触性传染病，具有高度传染性和致死性。急性猪瘟呈败血性变化，实质器官出血、坏死和梗死，大肠的回盲瓣处形成纽扣状溃疡（图 2 – 10 – 7）。慢性猪瘟主要表现为纤维素性坏死性肠炎，又称固膜性肠炎；镜检见炎灶区组织完全崩解，肠黏膜固有结构消失（图 2 – 10 – 16A），大部分呈同质化，局部仅见红染无结构的坏死崩解组织和纤维素的混合物，其间含有蓝染的核碎屑（图 2 – 10 – 16B，C）；炎灶侵及黏膜下层，黏膜下层结构疏松，见多量淋巴细胞浸润和纤维素渗出（图 2 – 10 – 16D）。

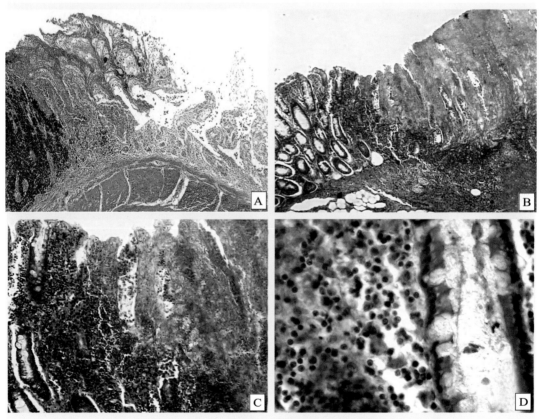

图 2 – 10 – 16 纤维素性坏死性肠炎（慢性猪瘟）

（二）中毒性肝硬变

肝硬变是由于多种原因引起肝组织严重损伤所呈现的一种以结缔组织增生为特征的慢性肝病。它不是一种独立的疾病，而是许多疾病的并发症，其形成过程具有明显的阶段性：在病因作用下，首先引起肝细胞严重变性、坏死；随之在病理性产物的持续刺激下，间质内纤维性结缔组织广泛增生和肝细胞结节状再生。这三种病变反复交错进行，而导致肝变形变硬。坏死后肝硬变又称为中毒性肝硬变，是在肝实质弥漫性坏死基础上形成的。其大体病变特点为肝表面可见大小不等的结节，结节之间有下陷较深的瘢痕。镜检可见到以下变化：

（1）结缔组织广泛增生，假小叶形成：间质中及肝小叶内结缔组织增生，其间有以淋巴细胞为主的炎性细胞浸润。增生的结缔组织包围或分割肝小叶，使之形成大小不等的圆形小岛（称假性肝小叶，假小叶），中央静脉偏位或缺如，肝细胞排列紊乱（图2-10-17A，B）。

（2）假胆管：在增生的结缔组织中有新生的毛细胆管和假胆管。假胆管是由两条立方形细胞并列而成的条索，类似小胆管，但无管腔（图2-10-17C）。

（3）肝细胞结节：病程长时，残存的肝细胞再生，由于没有网状纤维做支架，故再生的肝细胞排列紊乱，聚集成团，形成结构紊乱的再生性肝细胞结节（图2-10-17D）。

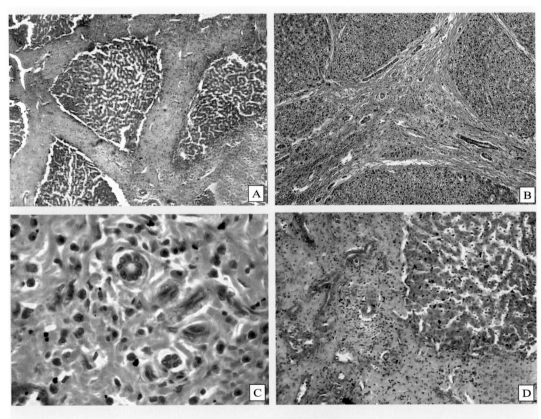

图2-10-17　中毒性肝硬变

第十一章

神经系统病理

　　神经系统是由神经元、胶质细胞（包括星形胶质细胞、少突胶质细胞、室管膜细胞）、小胶质细胞、脑膜的组成细胞以及血管所组成的结构精巧而复杂的系统（图2-11-1）。神经系统的结构和功能与机体各器官关系十分密切。神经系统病变可导致相应支配部位的功能障碍和病变；而其他系统的疾患也可影响神经系统的功能，如机体的失血、缺氧、窒息和心脏骤停可导致缺血性脑病、脑水肿，进而危及生命。许多传染病可以脑炎为特征，其病原包括病毒、支原体、衣原体、细菌、真菌、原虫及寄生虫等。在多种疾病中，神经组织的代谢、功能和形态结构常出现不同程度和不同类型的变化，但这些变化也具有共同的表现。

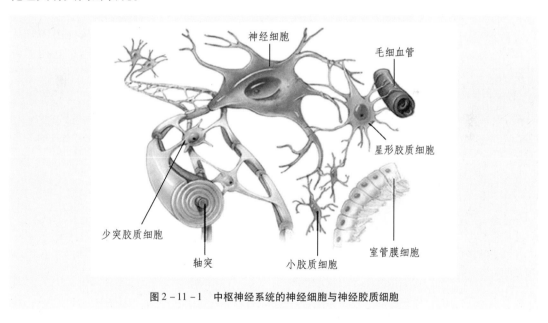

图2-11-1　中枢神经系统的神经细胞与神经胶质细胞

一、神经系统的基本病变

（一）神经细胞的变化

　　（1）染色质溶解：指神经细胞胞质中尼氏小体（粗面内质网和多聚核糖体）的溶解，是神经细胞变性的形式之一，多见于中毒和病毒感染。

（2）急性肿胀：多见于缺氧、中毒和感染。病变神经细胞胞体肿胀变圆，染色变浅，中央染色质或周边染色质溶解，树突肿胀变粗，核肿大淡染、靠边。

（3）神经细胞凝固：又称缺血性变化，多见于缺血、缺氧及中毒等。病变细胞胞浆皱缩，嗜酸性增加，核仁消失，胞体周围出现空隙。早期属于神经细胞变性，但最终可出现核破碎消失而坏死。

（4）空泡变性：神经细胞浆内出现小空泡。常见于病毒性脑脊髓炎，如羊痒病和牛海绵状脑病。

（5）液化性坏死：指神经细胞坏死后进一步溶解液化的过程。早期表现为核浓缩、破碎甚至溶解消失，胞体肿胀呈圆形，细胞界限不清，之后形成软化灶。液化性坏死是不可复性变化，坏死部位可由星形胶质细胞增生而修复。

（6）包涵体形成：见于某些病毒性疾病。包涵体的大小、形态、染色特性及存在部位，对一些疾病具有证病意义。在狂犬病，大脑皮质海马的锥体细胞及小脑蒲肯野细胞胞浆中出现嗜酸性包涵体（Negri 氏小体）。

（二）星形胶质细胞的变化

（1）转型和肥大：星形胶质细胞由原浆型转变为纤维型，在脑组织损伤处积聚形成胶质痂。当脑组织局部缺血、缺氧、水肿以及在梗死、脓肿灶周围，星形胶质细胞肥大，胞浆增多，嗜伊红深染，核偏位。

（2）增生：在脑组织缺血、缺氧、中毒和感染等损伤时，星形胶质细胞可出现增生性反应。

（三）小胶质细胞的变化

小胶质细胞属于单核巨噬细胞，是神经组织中的吞噬细胞，分布在脑灰质及白质中，在 HE 染色中仅见圆形或椭圆形的胞核，胞浆少。小胶质细胞对损伤的反应主要表现为肥大、增生和吞噬三个过程。增生的小胶质细胞围绕在变性的神经细胞周围，称为卫星现象；神经细胞坏死后，小胶质细胞可进入细胞内，吞噬神经元残体，称噬神经元现象；在软化灶处，小胶质细胞呈小灶状增生，并形成胶质小结（图 2-11-11）。

（四）少突胶质细胞的变化

少突胶质细胞体积小，胞浆少，突起短而少，核呈圆形，染色深似淋巴细胞。少突胶质细胞在疾病过程中可发生急性肿胀、增生和类黏液变性。

（五）血液循环障碍

除出现动脉性充血、静脉性充血、缺血、血栓、栓塞和梗死等血液循环障碍的表现以外，在脑组织受到损伤时，血管周围间隙中出现围管性细胞浸润（炎性反应细胞），环绕血管如套袖，称为血管周围管套形成。管套的厚薄与浸润细胞的数量有关，管套的细胞成分与病因有一定关系。在链球菌感染时，以中性粒细胞为主；在李氏杆菌感染时，以单核细胞为主；在病毒性感染时，以淋巴细胞和浆细胞为主；食盐中毒时，以嗜酸性粒细胞为主。一般情况下，这些反应细胞是从血液中浸润到血管间隙的，但有时也可由血管外膜细胞增生形成。

（六）脑脊液循环障碍

（1）脑水肿：因脑组织的水分增加而使脑体积肿大称为脑水肿。

（2）脑积水：是指颅腔内水分的积聚。液体聚积于硬脑膜下或蛛网膜下腔时称为脑外性脑积水；聚积于脑室时称为脑内性脑积水。

二、大体病变图谱

（一）脑炎

（1）化脓性脑炎：指脑脊髓由于化脓菌感染所出现的有大量中性粒细胞渗出，同时伴有局部组织的液化性坏死和形成脓汁为特征的炎症过程。主要是细菌（如葡萄球菌、链球菌、棒状杆菌、巴氏杆菌、李氏杆菌、大肠杆菌）等通过血源性感染或组织源性感染而引起。眼观脑组织有灰黄色或灰白色小化脓灶（图2－11－2），其周围有一薄层囊壁，内为脓汁（图2－11－3）。

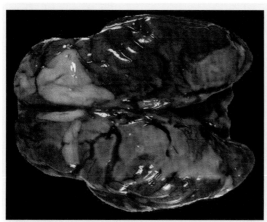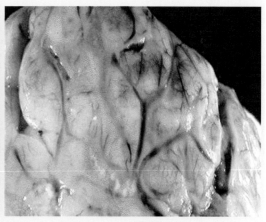

图2－11－2　化脓性脑炎（大肠杆菌感染）	图2－11－3　化脓性脑膜脑炎
脑膜充血红肿，蛛网膜下腔充满黄绿色黏稠脓液，脑实质中可见大小不等的脓肿灶。	蛛网膜下腔可见脓液渗出，脑沟内有大量脓液积聚，脑水肿明显。

（2）非化脓性脑炎：指由于多种病毒性感染而引起的脑脊髓的亚急性炎症过程，多见于病毒性传染病，如猪瘟、非洲猪瘟、猪传染性水泡病、伪狂犬病、乙型脑炎、马传染性贫血、马脑炎、牛恶性卡他热、牛瘟、鸡新城疫、禽传染性脑脊髓炎等疾病，所以又称为病毒性脑炎（图2－11－4、图2－11－5）。

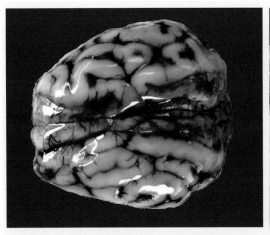

图2-11-4 病毒性脑炎（猪流行性乙型脑炎）

脑肿胀，脑回增宽，脑沟中暗红色血液淤积。脑膜血管充血和出血。

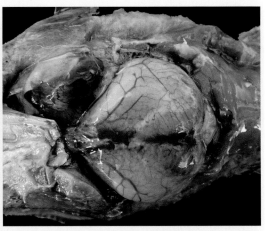

图2-11-5 病毒性脑炎（禽流感）

脑膜血管灶状出血、树枝状充血。脑体积膨大，结构模糊。

（二）脊髓炎

脊髓炎是指由病毒、细菌、螺旋体、立克次体、寄生虫、原虫、支原体等生物源性感染，或由感染所致的脊髓灰质或/和白质的炎性病变，以肢体瘫痪、感觉障碍和植物神经功能障碍为其临床特征。病理改变为炎症和变性，主要表现为软脊膜和脊髓水肿、变性、炎症细胞浸润、渗出、神经细胞肿胀，严重者出现脊髓软化、坏死和出血（图2-11-6）。

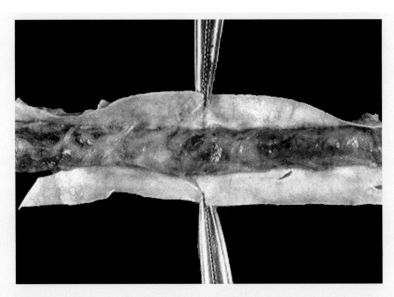

图2-11-6 脊髓膜炎

蛛网膜下腔可见多处脓肿及大量胶冻样炎性渗出物。

（三）脑软化

脑软化是指脑组织坏死后分解液化的过程。脑组织坏死后，可逐渐分解液化，形成软化灶。引起脑软化的病因很多，包括生物性因素（如病毒和朊病毒、细菌等病原微生物感染）、营养元素（如维生素 E、维生素 B_1、硒等）缺乏、中毒（如食盐中毒、铅中毒）和缺氧等。由于病因不同，软化形成的部位、大小及数量具有某些特异性。轻度脑软化眼观病变不明显，严重者可见脑膜血管充血，病变区明显变软，略显隆起，灰质与白质界限不清。较大的软化灶常为囊肿或空腔，切面呈乳糜状，可流出浑浊液体（图 2 - 11 - 7）；较小的软化灶则为腔隙状。

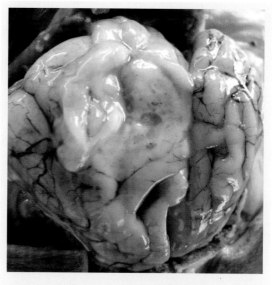

图 2 - 11 - 7　脑软化（猪伪狂犬病）

脑质地松软，脑膜充血，切面见乳糜状脑软化灶。

（四）脑水肿和脑积水

脑脊液循环障碍时，因脑组织的水分增加而使脑体积肿大称为脑水肿。全脑性水肿表现为硬脑膜紧张，脑回扁平（图 2 - 11 - 8），蛛网膜下腔变狭窄或阻塞，色泽苍白，表面湿润，质地较软，切面稍突起，白质变宽，灰质变窄，灰质和白质的界线不清楚，脑室变小或闭塞，小脑因受压迫而变小。局部性脑水肿可出现中线旁移，脑室受压变形。

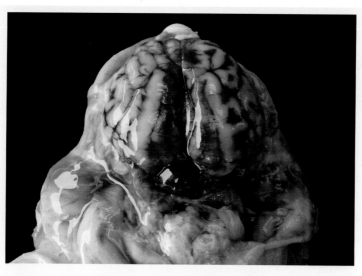

图 2 - 11 - 8　脑水肿（猪伪狂犬病）

大脑软脑膜充血，脑实质水肿，脑回扁平，脑沟变窄，小脑受压萎缩、出血。

脑积水是指颅腔内水分的积聚。先天性脑积水主要见于幼犬、犊牛、马驹和仔猪。获得性脑积水见于多种动物，脑膜炎、脉络膜炎和某些病毒性感染等都可使脑脊髓液发生回流障碍，或引起蛛网膜绒毛重吸收障碍而出现脑积水。轻度脑积水变化不明显。脑积水较严重时，可见脑室扩张，常呈不对称性，脑组织受压而逐渐萎缩（图 2 - 11 - 9）。

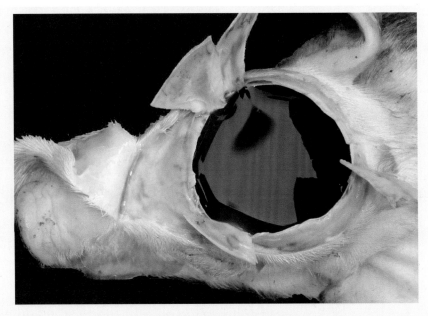

图 2 - 11 - 9 脑积水（猪伪狂犬病）

颅腔内充盈淡红色积液，脑实质极度萎缩。（白挨泉 摄）

三、组织学病变图谱

（一）嗜酸性粒细胞性脑炎

嗜酸性粒细胞性脑炎是由食盐中毒引起的以嗜酸性粒细胞渗出为主的脑炎。眼观可见软脑膜充血，脑回变平，脑实质有小出血点，其他病变不明显。镜检见软脑膜和脑组织充血、水肿、灶性出血。多量幼稚型嗜酸性粒细胞浸润，围绕血管形成"管套"（图 2 - 11 - 10A），在脑沟深部更为明显（图 2 - 11 - 10B，C）；神经元结构模糊，核溶解消失（图 2 - 11 - 10D）。神经胶质细胞呈局灶性或弥漫性增生。

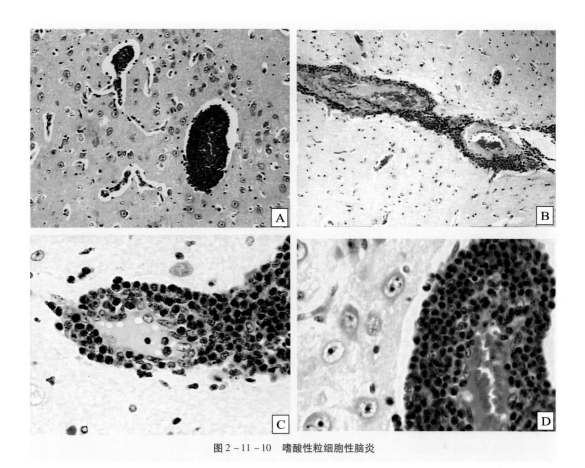

图 2 - 11 - 10　嗜酸性粒细胞性脑炎

（二）非化脓性脑炎

非化脓性脑炎是指主要由多种病毒性感染引起脑亚急性炎症的过程，又称病毒性脑炎。发生猪伪狂犬病时，眼观可见软脑膜充血、出血，小脑出血，脑实质水肿、积水（图 2 - 11 - 8、图 2 - 11 - 9）。病理组织学特征包括神经组织的变性坏死、血管反应以及胶质细胞增生等变化。脑血管周围间隙增宽，出现以淋巴细胞为主的血管管套，多见于小动脉和毛细血管周围，可形成一层或多层（图 2 - 11 - 11A）；神经元结构模糊，核溶解消失。小胶质细胞呈局灶性或弥漫性增生，形成卫星现象、噬神经元现象和胶质小结（图 2 - 11 - 11B）。后期可见星形胶质细胞增生以修复损伤组织。

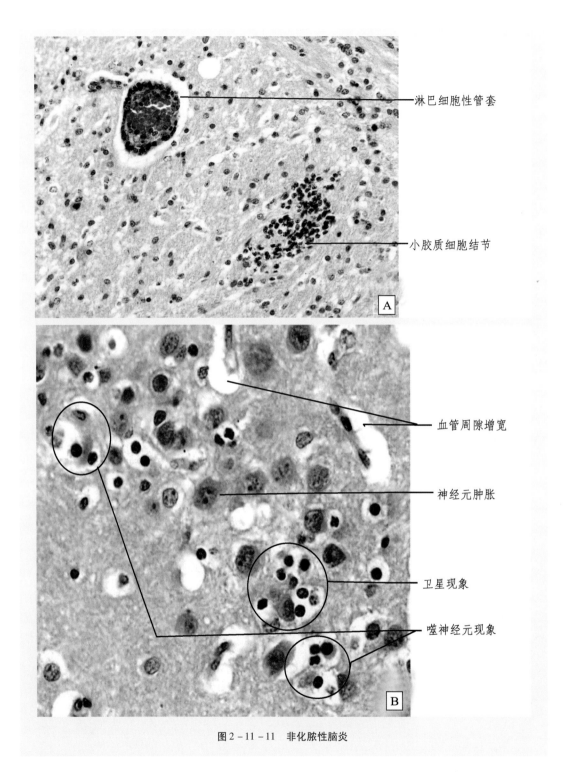

淋巴细胞性管套

小胶质细胞结节

血管周隙增宽

神经元肿胀

卫星现象

噬神经元现象

图 2 - 11 - 11　非化脓性脑炎

第十二章

泌尿生殖系统病理

泌尿系统包括肾、输尿管、膀胱和尿道。泌尿系统疾病以肾的疾病最为常见和重要，主要有以下几类表现形式：以血液循环障碍为主，如出血和梗死；以肾小球损害为主，如肾小球性肾炎；以肾小管损伤为主，如肾病；以肾小管间质损害为主，如间质性肾炎和肾盂肾炎；与尿路阻塞有关的疾病，如肾结石和肾盂积水等。动物常见的生殖系统疾病主要包括炎症、乳腺疾病及内分泌紊乱引起的相关疾病。

一、大体病变图谱

肾炎是指以肾小球和间质的炎症性变化为特征的疾病，常见有肾小球肾炎、间质性肾炎和化脓性肾炎。生殖系统主要有卵巢炎等。

（一）肾小球肾炎

急性肾小球性肾炎眼观见肾稍肿大，被膜紧张，容易剥离，肾表面及切面呈红色（称大红肾，图2-12-1），皮质略增厚，纹理不清，肾小球呈灰白色半透明的细颗粒状。急性肾小球性肾炎常表现为急性出血性肾小球肾炎，此时，在肾皮质切面上及肾表面均能见到分布均匀、大小一致的红色点，称蚤咬肾（图2-12-2、图2-12-3）。急性、亚急性肾小球肾炎均可发展成为慢性肾小球肾炎，眼观可见肾体积缩小，质地变硬，肾表面凹凸不平，肾被膜不易剥离，切面皮质变薄，俗称皱缩肾（图2-12-4）。

图2-12-1 急性肾小球性肾炎（猪丹毒）
肾肿大，颜色暗红（大红肾）。肾皮质中可见暗灰色梗死灶。

图2-12-2 急性出血性肾小球性肾炎（猪瘟）
肾脏表面苍白，散布针头大至粟粒大、界限清晰的红色出血点（蚤咬肾）。

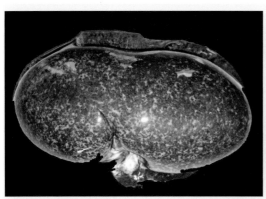

图 2 - 12 - 3 急性出血性肾小球性肾炎（猪瘟）
肾皮质弥散性点状出血，出血灶融合，肾外观如雀卵状。

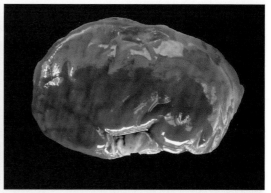

图 2 - 12 - 4 慢性肾小球性肾炎（皱缩肾）
肾脏体积萎缩，质地变硬，表面凹凸不平，肾被膜不易剥离。

（二）间质性肾炎

间质性肾炎是指肾间质发生以单核细胞浸润和结缔组织增生为特征的原发性非化脓性炎症。眼观变化：初期肾肿大，被膜紧张，容易剥离，肾表面平滑，表面及切面皮质部散在灰白色或灰黄色针头大至粟粒大的点状病灶（图 2 - 12 - 5），病灶扩大或相互融合则形成蚕豆大或更大的白斑，呈油脂样光泽（称白斑肾，图 2 - 12 - 6）；后期由于病变部位结缔组织增生并形成疤痕组织，肾质地变硬，体积缩小，肾表面呈颗粒状或地图样凹陷斑，色泽呈灰白色，被膜增厚，不易剥离，切面皮质变薄。

图 2 - 12 - 5 间质性肾炎（猪圆环病毒病）
肾淤血，皮质中散在分布粟粒大的白色病灶，与周围组织分界清晰。

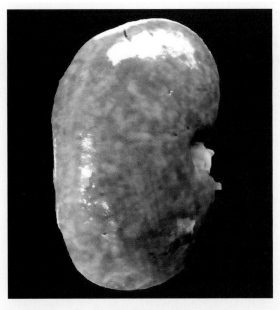

图2－12－6　间质性肾炎（猪圆环病毒病）

肾表面光滑，实质中密布大小不等的灰白色病灶，病灶
融合后形成蚕豆大、边缘不整的斑块（白斑肾）。

（三）化脓性肾炎

化脓性肾炎是指肾实质和肾盂的化脓性炎症。按病原菌的感染途径，可分为血源性化脓性肾炎和尿源性化脓性肾炎两种类型。血源性化脓性肾炎以肾小球为中心形成化脓病灶，主要见于皮质，并同时发生于两侧肾（图2－12－7）。尿源性化脓性肾炎又称肾盂肾炎，化脓菌由尿道、膀胱经输尿管而进入肾盂，首先形成肾盂肾炎，进而由肾乳头集合管进入肾实质形成化脓性肾炎。眼观可见肾肿大，被膜易剥离，肾表面出现结节样灰白色病灶，肾盂与输尿管黏膜增厚且被覆稀薄渗出物，或呈显著扩张，蓄积脓性渗出物（图2－12－8）。

（四）卵巢炎

卵巢炎、输卵管炎及腹膜炎是家禽特别是种禽的一种常见病，临床上以卵巢、输卵管、腹膜发炎为特征，严重时卵泡变形、充血、出血，呈红褐色或灰褐色，甚至破裂。破裂于腹腔中的蛋黄液，味恶臭。有时卵泡皱缩，形状不整齐，呈金黄色或褐色，无光泽，病情稍长时，肠道粘连，输卵管有黄白色干酪样物。

种禽被大肠杆菌等细菌感染时，可见卵泡膜充血、卵泡变形、坏死、破裂，出现卵黄性腹膜炎，俗称"蛋子瘟"；输卵管黏膜有大小不一的出血斑点、黄色纤维素性凝块（图2－12－9）。鸭黄病毒感染时，可对蛋鸭生殖系统造成严重损伤，其靶器官主要是卵巢，卵泡膜严重充血、出血，卵泡变性、坏死或萎缩（图2－12－10）。

图 2-12-7 化脓性肾炎

双侧肾脏表面见大量绿豆大小脓肿灶，突起于肾表面，脓肿中心呈黄色，外周为红色充血出血带。

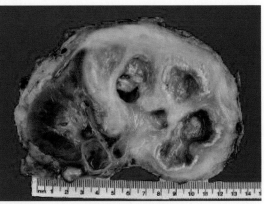

图 2-12-8 肾盂肾炎

肾脏明显增大，切面见肾实质严重破坏，肾盂肾盏表面和肾实质内可见大小不等的黄色脓样病灶。肾周广泛粘连，纤维化。

图 2-12-9 纤维素性卵巢炎（鸭大肠杆菌病）

种鸭发生大肠杆菌病（蛋子瘟），形成卵黄性腹膜炎，卵泡充血、出血，有多量黄白色纤维素渗出。（张济培 摄）

图 2 - 12 - 10　出血性卵巢炎（鸭黄病毒病）

病鸭卵泡充血、出血、坏死。输卵管肿胀。

二、组织学病变图谱

（一）急性增生性肾小球肾炎

急性增生性肾小球肾炎是以肾小球损害为主的炎症，其发病过程始于肾小球，然后波及肾小囊，最后累及肾小管及间质。眼观变化为肾稍肿大，被膜紧张易剥离，肾表面及切面呈红色。皮质略增厚，纹理不清，肾血管球呈灰白色半透明的细颗粒状。镜下见肾血管球毛细血管内皮细胞和系膜细胞肿胀、增生，致使血管球体积肿大，几乎占据整个肾小囊腔（图 2 - 12 - 11A）。肾球囊内蓄积多量浆液、纤维蛋白和红细胞；可见少量血管球结构消失，充盈粉红色蛋白液。肾小管上皮细胞肿胀，透明变性，管腔狭窄（图 2 - 12 - 11B），可见粉红色蛋白液透明管型和细胞管型。

（二）急性间质性肾炎

间质性肾炎是指肾间质发生以单核细胞浸润和结缔组织增生为特征的原发性非化脓性炎症。眼观可见白斑肾病变（图 2 - 12 - 5、图 2 - 12 - 6）。镜下见肾血管球数量明显减少，体积缩小或消失。肾间质中大量淋巴细胞浸润，致使肾小管萎缩或消失（图 2 - 12 - 12A）。残留的肾小管上皮细胞肿胀、透明样变或坏死脱落（图 2 - 12 - 12B，C），可见透明管型和细胞管型（图 2 - 12 - 12D）。

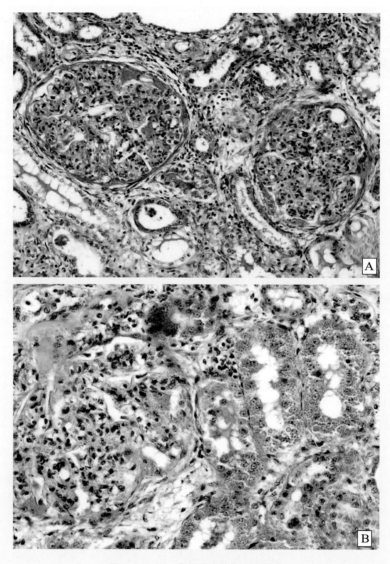

图 2 - 12 - 11 急性增生性肾小球肾炎

（三）慢性间质性肾炎

急性间质性肾炎病程迁延，可发展为慢性间质性肾炎。此时可见肾血管球数量明显减少，体积缩小，肾小囊腔增大（图 2 - 12 - 13A）；间质结缔组织增生，并有大量淋巴细胞和少量巨噬细胞、浆细胞浸润，致使肾小管数量减少、萎缩或消失；残留的肾小管上皮细胞肿胀或脱落，可见粉红色蛋白管型（图 2 - 12 - 13B）。

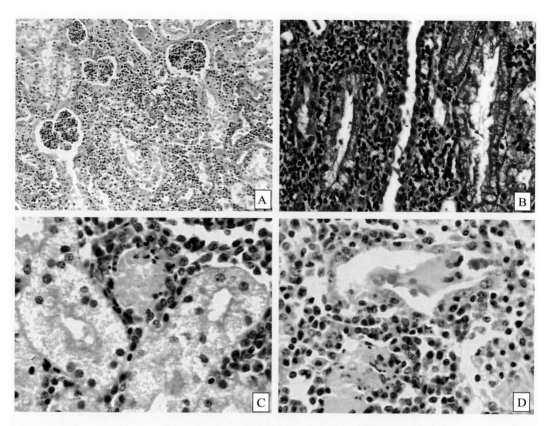

图 2 - 12 - 12　急性间质性肾炎（猪圆环病毒病）

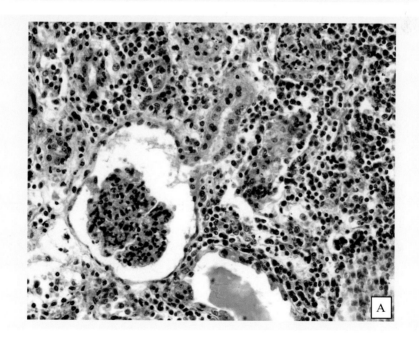

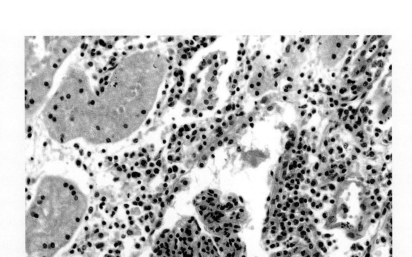

图 2 – 12 – 13　慢性间质性肾炎（猪圆环病毒病）

第十三章

免疫系统病理

免疫系统是机体执行免疫应答及免疫功能的一个重要系统，由免疫器官、免疫组织、免疫细胞和免疫分子组成。中枢免疫器官包括胸腺、骨髓和法氏囊（禽类）；外周免疫器官包括脾、淋巴结、黏膜相关淋巴组织、皮肤相关淋巴组织等。动物免疫系统在各种病因，特别是感染性因素作用下可出现多种病理过程，其中常见的有淋巴结炎、脾炎和法氏囊炎等。

一、大体病变图谱

（一）淋巴结炎

淋巴结炎可以是局部性的，也可以是全身性的。淋巴结炎通常按其经过分为急性淋巴结炎和慢性淋巴结炎两类。常见的急性淋巴结炎有单纯性淋巴结炎和出血性淋巴结炎等类型。单纯性淋巴结炎多发生于急性传染病的早期，或者某一器官发生急性炎症时。眼观可见淋巴结肿大，被膜紧张，质地柔软，呈粉红色或红色；切面隆起、多汁、潮红。出血性淋巴结炎是指伴有严重出血的单纯性淋巴结炎，多见于炭疽、猪瘟等血管壁损害比较严重的急性传染病。眼观可见淋巴结肿大，呈暗红色，被膜紧张，切面湿润隆起，呈暗红色与灰白色相间的大理石样花纹（图 2-13-1、图 2-13-2），严重出血的淋巴结似血肿。

（二）脾炎

脾炎多伴发于各种传染病，也可见于血液原虫病，是脾最常见的一种疾病。根据病变特征可分为急性脾炎、坏死性脾炎、化脓性脾炎、慢性脾炎等类型。

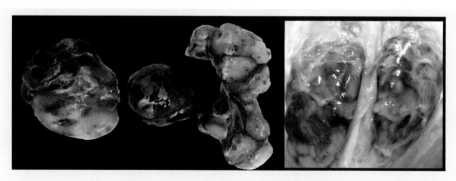

图 2-13-1　出血性淋巴结炎（非洲猪瘟）

病猪全身淋巴结广泛受损，切面见淋巴结周边红色的出血灶与灰白色的淋巴组织呈大理石斑纹状相间（周边出血，大理石样变）。

图2-13-2 猪传染性胸膜肺炎伴发淋巴结炎

病猪肺门淋巴结高度肿胀，色暗红，切面隆起，周边出血，气管内出现泡沫状纤维素性渗出物。

（1）急性脾炎：又称急性炎性脾肿、败血脾，是指伴有脾明显肿大的急性脾炎，多见于急性非洲猪瘟、炭疽、急性猪丹毒、急性副伤寒等急性败血性传染病，也见于牛泰勒虫病。眼观可见脾体积显著增大，被膜紧张，边缘钝圆；切开时流出血样液体，切面隆起，富含血液，呈暗红色或黑红色，明显肿大时犹如血肿样。白髓和脾小梁形状不清，脾髓质软，用刀轻刮切面，可刮下大量富含血液而软化的脾髓（图2-13-3、图2-13-4）。

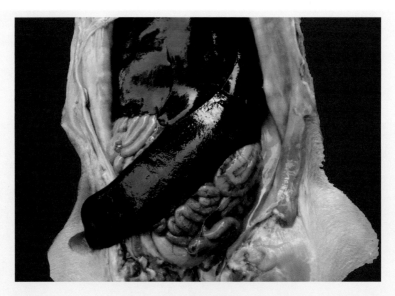

图2-13-3 败血脾（猪圆环病毒病）

脾极度肿大，呈黑红色，被膜紧张，边缘钝圆，质地柔软易碎。（白挨泉 摄）

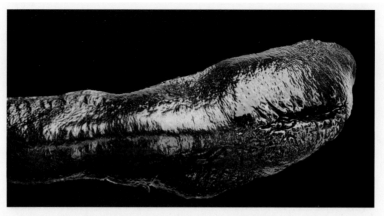

图 2 - 13 - 4 败血脾（非洲猪瘟）

脾高度肿大，脾头尤为明显。被膜紧张，边缘钝圆，黑红色，切面隆起并富含
血液。

（2）坏死性脾炎：是指脾实质坏死明显而体积不肿大的急性脾炎，多见于巴氏杆菌
病、猪瘟和鸡新城疫等急性传染病，例如猪瘟病猪出现的脾边缘红色梗死（图 2 - 13 - 5），
禽流感病禽出现的脾网格样坏死（图 2 - 13 - 6）。

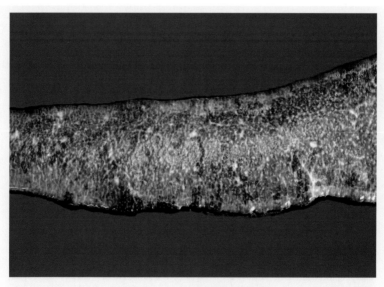

图 2 - 13 - 5 坏死性脾炎（猪瘟）

猪脾体积未见肿大。有多个红色梗死灶散在于脾边缘，呈锥形或不规则形状。

图 2 - 13 - 6　坏死性脾炎（禽流感）
病鸡脾实质中出现多量大小不一的灰白色坏死病灶，呈
网格状。

（3）慢性脾炎：指伴有脾肿大的慢性增生性脾炎，多见于亚急性或慢性马传染性贫血、布氏杆菌病等病程较长的传染病。眼观可见脾轻度肿大，被膜增厚，边缘稍显钝圆，其质地硬实，切面平整或稍隆突，在暗红色红髓的背景上可见灰白色增大的淋巴小结呈颗粒状向外突出（图 2 - 13 - 7、图 2 - 13 - 8）。

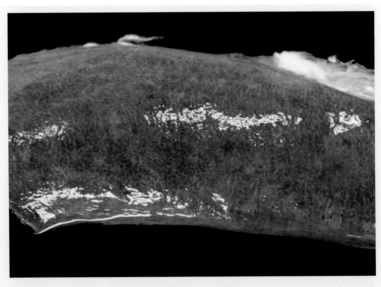

图 2 - 13 - 7　慢性脾炎
脾暗红色，略肿大，被膜增厚。可见淋巴小结明显增大，呈灰白色颗粒状。

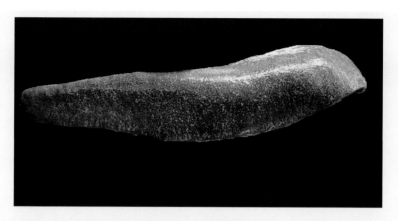

图 2 - 13 - 8　慢性脾炎

猪脾轻度肿大，质地硬实，白髓明显增生。

（三）法氏囊炎

法氏囊是禽类的中枢免疫器官。鸡传染性法氏囊炎是由病毒引起雏鸡的一种急性、高度接触性传染病。病毒主要侵害鸡的中枢免疫器官法氏囊，导致免疫机能障碍，眼观可见病变法氏囊肿胀、出血、坏死（图 2 - 13 - 9、图 2 - 13 - 10），胸肌、腿肌出血，肌腺胃交界处条状出血，肾肿大呈斑纹状，输尿管中有白色尿酸盐沉积等特征。

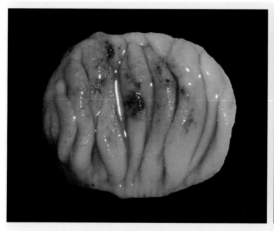

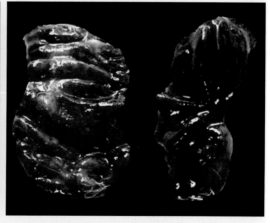

图 2 - 13 - 9　鸡传染性法氏囊炎

法氏囊呈胶冻样肿胀，皱襞增宽。囊腔内有多量浆液渗出，黏膜面可见出血斑点。（张济培 摄）

图 2 - 13 - 10　鸡传染性法氏囊炎

法氏囊严重出血呈血肿样，黏膜可见黑红色出血斑块。（张济培 摄）

（四）扁桃体及黏膜相关淋巴组织常见病变

消化道、呼吸道及泌尿生殖道的集合淋巴组织及其黏膜表面淋巴细胞，以及辅佐细胞统称为黏膜相关淋巴组织。家畜的咽部扁桃体、禽类的盲肠扁桃体及眼结膜哈德氏腺、兔回盲肠交界处的圆小囊及盲肠蚓突等，共同参与构成机体免疫网络，在抵抗感染方面起着极其重要的作用。

在全身性组织损伤性急性传染病过程中，上述淋巴组织可表现出不同程度和类型的炎症反应，成为诸多疾病的特征性病变。在慢性猪瘟病猪上，可见大肠黏膜淋巴组织出现固膜性肠炎，表现为特征性的"扣状肿"（图2-13-11）；出现鸡新城疫时，病鸡消化道特别是盲肠扁桃体淋巴滤泡的肿胀隆起、出血、枣核样溃疡为其突出的特征；出现猪伪狂犬病时，病猪咽部扁桃体肿胀、坏死和化脓（图2-13-12）。

图2-13-11 扣状肿（慢性猪瘟）
病猪结肠黏膜面出现大小不一的圆形纽扣状溃疡，中心凹陷，周围隆起。

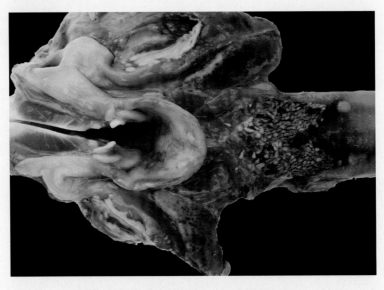

图2-13-12 扁桃体化脓和坏死（猪伪狂犬病）
病猪扁桃体充血肿胀，密布黄白色化脓灶和坏死灶。

二、组织学病变图谱

（一）出血性淋巴结炎

图 2 – 13 – 13 所示为猪瘟病变。病猪全身淋巴结广泛受损，眼观呈大理石样变（图 2 – 13 – 1）。镜下见被膜下、小梁间和淋巴小结周边明显出血，淋巴窦扩张，可见多量巨噬细胞、红细胞浸润（图 2 – 13 – 13A，B）。淋巴小结坏死，数量减少，固有结构丧失，细胞崩解，形成大小不一的坏死灶，坏死灶内见多量蓝色细胞核碎屑、组织崩解产物和大量红细胞聚集（图 2 – 13 – 13C）。间质血管扩张、充血、出血，并可见中性粒细胞和巨噬细胞浸润。

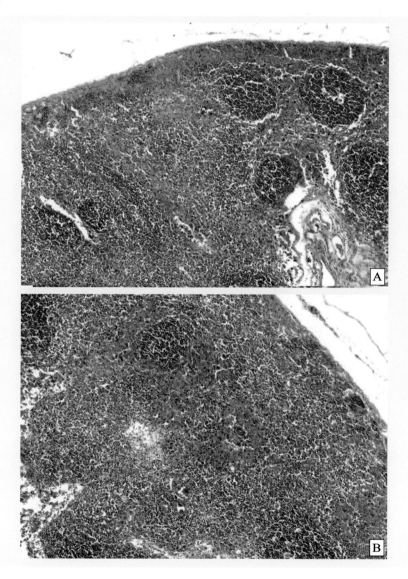

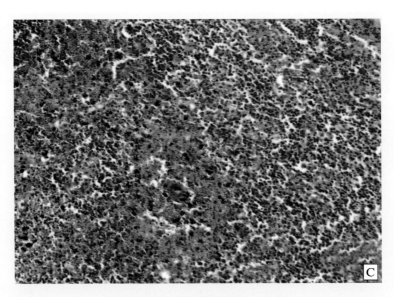

图 2 - 13 - 13　出血性淋巴结炎（猪瘟）

（二）坏死性脾炎

禽流感时，眼观可见病鸡脾实质中出现多量大小不一的灰白色坏死病灶，呈网格状（图 2 - 13 - 6）。镜下见白髓萎缩，所占面积减小；脾小体消失，残留空腔（图 2 - 13 - 14A）；淋巴细胞坏死、崩解，数量明显减少，见多量蓝染核碎屑散在分布，脾髓充血（图 2 - 13 - 14B），仅在中央动脉周围残留少量淋巴细胞（图 2 - 13 - 14C）。

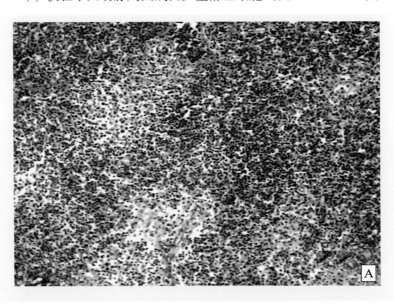

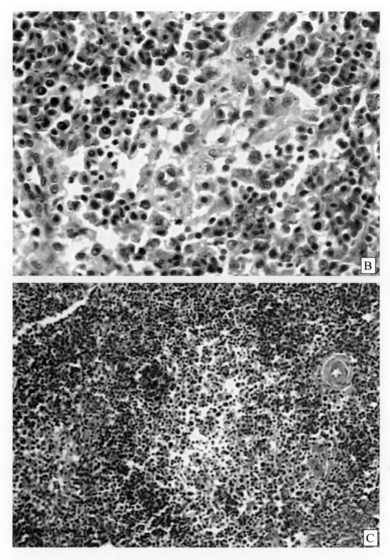

图 2 - 13 - 14　坏死性脾炎（禽流感）

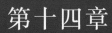

第十四章

病理剖检技术

动物病理剖检又称为尸体剖检，即运用病理解剖学知识对病死禽畜尸体进行解剖，检查尸体各组织器官的病理变化并加以分析讨论，以此来研究疾病的发生和发展规律，查明动物发病和死亡的原因，提出治疗方案等。

一、尸体剖检的目的

病理解剖是最常用和最基础的动物疾病诊断方法，具有方便、可行、直接、客观的优点。对于群养性动物的疾病诊断，尸体剖检具有更为重要的意义。传染病、寄生虫病、中毒性疾病和营养缺乏症等，一些群养动物，尤其是中、小动物如猪和鸡的疾病，通过对先发病动物的尸体剖检可做到早诊断、早预防、早治疗，使疾病造成的损失降到最低。有些疾病（狂犬病、肿瘤性疾病等），必须依靠尸检和病理学检查才能最后确诊。

二、尸体剖检的注意事项

（一）尸体剖检的时间

动物死后要尽早剖检。尸体久置后，容易发生死后变化，影响对原有病变的观察和诊断。一般死后超过24h的尸体就失去了剖检的意义。此外，剖检最好在白天进行，因在灯光下，一些病变颜色不易辨认。

（二）尸体剖检的地点

尸体剖检一般应在病理剖检室内进行，以便消毒和防止病原的扩散。如果条件不许可而在室外剖检时，应选择地势较高、环境较干燥、远离水源、道路、房舍和养殖区的地点进行。剖检后将内脏、尸体深埋或焚烧，对被污染的环境彻底消毒。

（三）尸体剖检的器械和药品

剖检最常用的器械有：剥皮刀、脏器刀、脑刀、外科剪、肠剪、骨剪、外科刀、镊子、骨锯、双刀锯、斧骨凿、阔唇虎头钳、探针、量尺、量杯、注射器和针头、天平、磨刀棒等。

最常用的固定液是10%福尔马林。此外，还应准备常用的消毒药品、滑石粉、肥皂、棉花和棉布等。

（四）剖检人员的防护

剖检时特别是剖检传染病尸体时，应穿着工作服、外罩胶皮或塑料围裙，戴胶手套、线手套、工作帽，穿胶鞋。必要时还要戴上口罩和眼镜。如上述用品缺乏时，可在手上涂抹凡士林或其他油类，保护皮肤，以防感染。在剖检中不慎切破皮肤时，应立即消毒和包扎。剖检后，对剖检器械、衣物等都要消毒和洗净擦干或晾干。

（五）尸体消毒和处理

剖检前应在尸体体表喷洒消毒液。

搬运尸体时，特别是搬运炭疽等传染病尸体，应先用浸透消毒液的棉花团塞住天然孔，并用消毒液喷洒体表后方可运送。对运送的所有用具都要严格消毒。尸体剖检后，深埋或焚烧，对周围被污染的环境彻底消毒。按《病害动物和病害动物产品生物安全处理规程》（GB16548—2006）等相关法规要求，炭疽等传染病尸体，不能掩埋，只能焚烧处理。

三、尸体变化

动物死亡后，受体内由于酶和细菌的作用，以及外界环境的影响，逐渐发生一系列的死后变化。尸体变化主要包括尸冷、尸僵、尸斑、死后血液凝固、尸体自溶和腐败。正确地辨认尸体变化，以避免将死后变化误认为生前病变而误诊。

（一）尸冷

尸冷指动物死亡后尸体温度逐渐降低的现象。尸温检查有助于确定死亡的时间。尸体温度下降的速度，在死后最初几小时较快，以后逐渐变慢。在室温条件下，通常每小时下降1℃。尸冷受季节的影响，冬季寒冷将加速尸冷过程，而夏天炎热则延缓尸冷过程。

（二）尸僵

动物死亡后，最初由于神经系统麻痹，肌肉失去紧张而变得松弛柔软，但很快尸体肢体的肌肉即行收缩、僵硬，四肢各关节不能伸屈，使尸体固定于一定的形状，这种现象称为尸僵（图2-14-1）。尸僵开始的时间，因外界条件及机体状态而不同。大、中动物一般在死后1～6h开始发生。尸僵的顺序一般首先从头部肌肉开始，其后依次是颈部、前肢、后躯和后肢的肌肉，此时各关节肌肉僵硬而被固定，经10～24h发展完全。在死后

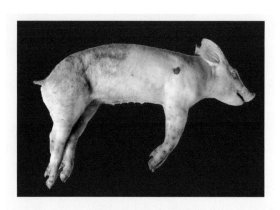

图2-14-1　尸僵

24～48h 尸僵开始消失，肌肉变软。

尸僵也可发生在心肌和平滑肌。心肌发生尸僵时收缩变硬，将心脏内的血液排出，这在左心室表现得最明显，而右心室则往往残留少量血液。平滑肌发生尸僵时，可使组织器官收缩变硬。

尸僵检查有助于确定死亡的时间、原因。死于败血症的动物，尸僵不全，血凝不良。肌肉发达的家畜，尸僵明显。

（三）尸斑

动物死亡后，由于重力作用，血液流向尸体的下部，使该部血管充盈血液，这种现象称为尸斑坠积（沉降性淤血）。尸斑坠积一般在死后 1～1.5h 就可能出现。

动物的尸斑，于倒卧侧皮肤可以看到（图 2-14-2），此时皮肤呈暗红色。内脏器官，尤其是成对的器官，如肾、肺等，其卧侧表现尤为明显。发生尸斑坠积的组织呈暗红色，初期按压可使红色消退。随着时间的延长，红细胞崩解，血红蛋白溶解在血浆内并向周围组织浸润，结果使心内膜、血管内膜及其周围组织染成红色。这种现象称为尸斑浸润（图 2-14-3），一般在死后 24h 左右开始出现。尸斑变化在改变尸体位置时不会消失，对于死亡时间和死后尸体位置的判定有一定的意义。

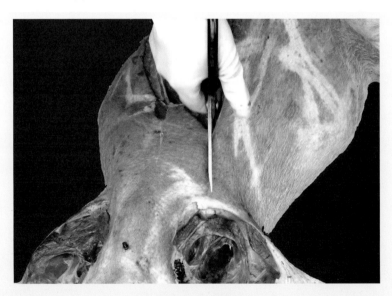

图 2-14-2　尸斑坠积

（四）死后血液凝固

动物死后不久，在心脏和大血管内的血液即凝固成血凝块。在死后血液凝固较快时，血凝块呈一致暗红色。在血液凝固出现缓慢时，血凝块分成明显的两层，上层主要是含血浆成分的淡黄色鸡脂样凝血块，下层为主要含红细胞的暗红色血凝块。这是由于血液凝固前红细胞沉降所致。血凝块表面光滑、湿润、有光泽、富有弹性，易与血管内膜分离。动物生前如有血栓形成，则应注意与死后血凝块的区别。

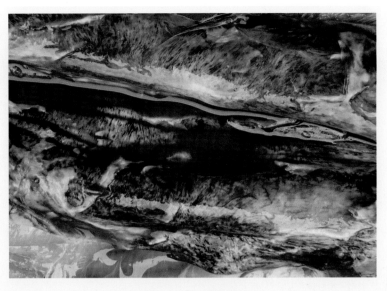

图 2 – 14 – 3 尸斑浸润

（五）尸体自溶

尸体自溶是指体内组织受到酶（细胞本身的溶酶体、胃蛋白酶、胰蛋白酶等）的作用而引起自体消化的过程（图 2 – 14 – 4）。自溶表现最明显的是胃和胰腺。胃黏膜自溶变化表现为黏膜肿胀、变软、透明，极易剥离或自行脱落和露出黏膜下层，严重时自溶可波及肌层和浆膜层，甚至出现死后穿孔。

（六）尸体腐败

尸体腐败是指尸体组织蛋白由于细菌作用而发生腐败分解的现象。参与腐败过程的细菌主要来自体内消化道的厌气菌。尸体腐败可表现出以下变化：

（1）臌气：在腐败过程中，体内复杂的化合物分解为简单的化合物，并产生大量气体，因此腐败的尸体内含有多量的气体（图 2 – 14 – 5）。胃肠道严重臌气时可使腹壁或横膈破裂，有时胃肠也可破裂，这时要注意与生前破裂的区别。尸体腐败的肝、肾、脾等内脏器官表现为体积增大，质地变软，污灰色，被膜下出现小气泡等变化。

（2）尸绿：由于组织分解产生的硫化氢与红细胞分解产生的血红蛋白和铁结合，形成硫化血红蛋白和硫化铁，致使腐败组织呈污绿色，这种变化称为尸绿。尸绿在胃肠道及邻近的组织器官表现最为明显。

（3）尸臭：在尸体腐败的过程中，产生了大量带恶臭的气体，如硫化氢、己硫醇、甲硫醇、氨等，致使腐败的尸体具有特殊的恶臭气味，称为尸臭。

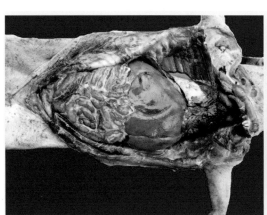
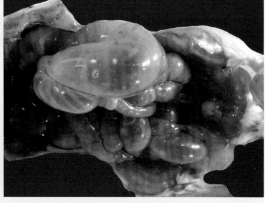

图2-14-4　尸体自溶和腐败　　　　　　　　图2-14-5　尸体胃肠臌气

四、剖检记录的整理分析和病理报告的撰写

记录尸体剖检所见的病理变化，是进行综合分析研究时的原始资料。记录应在剖检的时候进行，不可凭记忆事后补记，以免遗漏或错误。记录的顺序应与剖检顺序一致。一般来说，病理报告应包括以下内容。

（一）概述

记录动物畜主，动物的性别、年龄、特征、死亡日期和时间，剖检日期和时间，剖检人、记录人等。临床摘要及临床诊断要扼要记载流行情况、临床症状、发病经过及诊断和治疗情况。

（二）剖检记录

以尸体剖检记录为依据，按尸体所呈现病理变化的主次顺序进行详细、客观的记载，对病变的形态、大小、重量、位置、色彩、硬度、性质、切面的结构变化等都要客观地描述和说明，应尽可能避免采用诊断术语或名词来代替。

（三）病理解剖学诊断

根据剖检所见病变，分析判断病变的主次和性质，进行科学分析和推理判断，从而做出客观的病理解剖诊断。

（四）结论

结合病史、临床症状和剖检结果等，进行综合分析，找出各病变之间的内在联系、病变与临床症状之间的关系，阐明动物发病和致死的原因，提出处理意见。

五、动物尸体剖检报告示例

畜主姓名		畜主地址		畜主电话	
动物类别		动物年龄		动物性别	
主检人		助检人		记录员	
发病时间			死亡时间		
剖检时间			剖检地点		

临床摘要（包括主诉、病史摘要、发病经过、主要症状、治疗经过、流行病学情况）：

病理剖检记录（包括外部检查、内部检查和各器官的检查）：

病理组织学检查：

实验室各项检查结果（包括细菌学、病毒学、寄生虫和毒物检查等，附化验单）：

主检人（签字）：　　　　　　　　　日　期：

第十五章

猪的尸体剖检

一、猪尸体剖检的顺序

在进行尸体剖检前，应先了解病死猪的流行病学情况、临床症状和治疗效果，对病情进行初步诊断，缩小对所患疾病的考虑范围，并对剖检有一定的导向性，可缩短剖检的时间，提高诊断的准确性。为了全面而系统地检查尸体内外所呈现的病理变化，避免遗漏，尸体剖检应按照一定的顺序进行。由于尸体有大小之别，疾病种类各不相同，剖检的目的要求也有差异，因此，剖检的顺序也应灵活运用。

常规剖检一般应遵循下列顺序：新鲜尸体→外表检查→剥皮和皮下检查→剖开腹腔先做一般视查→剖开胸腔做一般视查→摘出腹腔脏器→摘出胸腔脏器→摘出口腔和颈部器官→颈部、胸腔和腹腔脏器的检查→骨盆腔脏器的摘出和检查→剖开颅腔，摘出大脑检查→剖开鼻腔检查→剖开脊椎管，摘出脊髓检查→肌肉、关节和淋巴结的检查→骨和骨髓的检查。

二、外部检查

外部检查是在剥皮之前检查尸体的外表状态，对所有的剖检动物（包括马、牛、羊、猪、禽、犬）进行的外部检查方法基本相同。外部检查结合临床诊断的资料，对于疾病的诊断以及剖检的重点可给予重要启示，有的还可以作为判断病因的直接依据（如口蹄疫、炭疽、鼻疽、痘、皮肤型马立克氏病等）。外部检查主要包括以下几方面。

（一）自然状况

畜别、性别、年龄、毛色、特征、体态等。

（二）营养状态

可根据肌肉丰满度、皮肤和被毛状况来判断。

（三）皮肤

注意被毛的光泽度，皮肤的厚度、硬度及弹性，有无脱毛、褥疮、溃疡、脓肿、创伤、肿瘤、外寄生虫等，有无粪泥和其他病产物污染。此外，还要注意检查有无皮下水肿和气肿。有皮下水肿时，患部隆起，触之有波动感。贫血、营养不良、慢性传染病、严重寄生虫病、慢性心脏病和肾疾病、肝疾病等，都可能引起全身性水肿；而炭疽、出血性败血病、恶性水肿、局部炎症，可发生局部性水肿。皮下气肿可能与严重肺气肿或梭菌病等疾病有联系。

（四）天然孔的检查

检查各天然孔（眼、鼻、口、肛门、外生殖器等）的开闭状态，有无分泌物、排泄物及其性状、量、色、味和浓度等。还应注意可视黏膜的检查，着重注意黏膜色泽的变化。猪瘟、马流行性感冒、犬瘟热等病畜眼部常附着脓性分泌物。传染性鼻炎、慢性呼吸道病的病鸡、鼻疽病畜，鼻腔可流出浆液性或脓性分泌物。败血病尸体则常从口、鼻、肛门等处流出血样液体。眼结膜、鼻腔、口腔、肛门、生殖器的黏膜色泽往往能反映机体内部的状况：黏膜苍白是内出血或贫血的征象；黏膜紫红色是淤血的标志，剖检时应注意循环系统的疾病；黏膜发黄可能是黄疸，应注意肝、胆囊、胆管以及血液中病原体的检查；黏膜出血可能是传染病或中毒性疾病的症状之一，如败血症、出血性紫癜以及磷、汞、铅中毒时，眼结膜上可见出血点。

（五）尸体变化的检查

死后尸体变化的检查有助于判定死亡发生的时间、位置。如尸体腐败严重，一般就丧失了病理剖检的意义。

三、内部检查

猪的剖检一般采用背位姿势，为了使尸体保持背位，需切断四肢内侧的所有肌肉和韧带，使其四肢平摊于地。然后再从颈、胸、腹的正中侧切开皮肤，只在腹侧剥皮。如果是大猪，又属非传染病死亡，皮肤可以加工利用时，建议仍按常规方法剥皮，然后再切断四肢内侧肌肉，使尸体保持背位。

（一）皮下检查

皮下检查在剥皮过程中进行。除检查皮下有无充血、炎症、出血、淤血、水肿（多呈胶冻样）等病变外，还必须检查体表淋巴结的大小、颜色，有无出血、水肿、坏死、化脓等病变。解剖断奶期小猪，需注意检查肋骨和肋软骨交界处有无串珠样肿大等慢性型猪瘟病变。

（二）腹腔剖开和腹腔脏器的检查

从剑状软骨后方沿白线由前向后切开腹壁至耻骨前缘，观察腹腔中有无渗出液，以及渗出液的数量、颜色和性状；腹膜及腹腔器官浆膜是否光滑，肠壁有无粘连；再沿肋骨弓将腹壁两侧切开，使腹腔器官全部暴露。首先摘出肝、脾及网膜，然后依次摘出胃、十二指肠、小肠、大肠和直肠，最后摘出肾。在分离肠系膜时，要注意观察肠浆膜有无出血，肠系膜有无出血、水肿，肠系膜淋巴结有无肿胀、出血、坏死。

（1）肝：先检查肝门部的动脉、静脉、胆管和淋巴结；然后检查肝的形态、大小、色泽、包膜性状，有无出血、结节、坏死等；最后切开肝组织，观察切面的色泽、质地和含血量等情况。注意切面是否隆突，肝小叶结构是否清晰，有无脓肿、寄生虫性结节和坏死等。

（2）脾：脾摘出后，检查脾门血管和淋巴结，测量脾的长、宽、厚，称其重量。观察其形态和色彩，包膜的紧张度，有无肥厚、梗死、脓肿及瘢痕形成，用手触摸脾的质地（坚硬、柔软、脆弱），然后做一两个纵切，检查脾髓、滤泡和脾小梁的状态，有无结节、坏死、梗死和脓肿等。以刀背刮切面，检查脾髓的质地。患败血症猪的脾，常显著肿大，包膜紧张，质地柔软，呈暗红色，切面突出，结构模糊，往往流出多量煤焦油样血液。脾淤血时，脾亦显著肿大变软，切面有暗红色血液流出。患增生性脾炎时，脾稍肿大，质地较实，滤泡常显著增生，其轮廓明显。萎缩的脾包膜肥厚皱缩，脾小梁纹理粗大而明显。

（3）胃：先观察其大小、浆膜面的色泽有无粘连、胃壁有无破裂和穿孔等，然后由贲门沿大弯剪至幽门。胃剪开后，检查胃内容物的数量、性状、含水量、气味、色泽、成分，有无寄生虫等。最后检查胃黏膜的色泽，注意有无水肿、充血、溃疡、肥厚等病变。

（4）肠管：对十二指肠、空肠、回肠、大肠、直肠分段进行检查。在检查时，先检查肠管浆膜面的色泽，有无粘连、肿瘤、寄生虫结节等。然后剪开肠管，随时检查肠内容物的数量、性状、气味，有无血液、异物、寄生虫等。除去肠内容物后，检查肠黏膜的性状，注意有无肿胀、发炎、充血、出血、寄生虫和其他病变。

（5）肾：先检查肾的形态、大小、色泽和质地。注意包膜的状态，是否光滑透明和容易剥离。包膜剥离后，检查肾表面的色泽，有无出血、瘢痕、梗死等病变。然后由肾的外侧向肾门部将肾纵切为相等的两半，检查皮质和髓质的厚度、色泽，交界部血管状态和组织结构纹理。最后检查肾盂，注意其容积，有无积尿、积脓、结石等，以及黏膜的性状。

（6）生殖器官：检查公猪睾丸和附睾，检查其外形、大小、质地和色泽，观察切面有无充血、出血、瘢痕、结节、化脓和坏死等。检查母猪子宫、卵巢和输卵管，先注意卵巢的外形、大小，有无充血、出血、坏死等病变。观察输卵管浆膜面有无粘连、膨大、狭窄、囊肿，然后剪开，注意腔内有无异物或黏液、水肿液，黏膜有无肿胀、出血等病变。检查阴道和子宫时，除观察子宫大小及外部病变外，还要用剪刀依次剪开阴道、子宫颈、子宫体，直至左右两侧子宫角，检查内容物的性状及黏膜的病变。

（三）胸腔剖开和胸腔脏器的检查

先用刀分离胸壁两侧表面的脂肪和肌肉，检查胸腔的压力，用刀切断两侧肋骨与肋软骨的接合部，再切断其他软组织，除去胸壁腹面，胸腔即可露出。检查胸腔、心包腔有无积液及其性状，胸膜是否光滑，有无粘连。分离咽喉头、气管、食道周围的肌肉和结缔组织，将喉头、气管、食道、心和肺一同摘出。

（1）淋巴结：要特别注意下颌淋巴结、颈浅淋巴结、带下淋巴结等体表淋巴结，肠系膜淋巴结、肺门淋巴结等内脏器官附属淋巴结，注意其大小、颜色、硬度、与其周围组织的关系及横切面的变化。

（2）胸膜腔：观察有无液体，注意液体的数量、透明度、色泽、性质、浓度和气味，注意浆膜是否光滑，有无粘连等病变。

（3）肺：首先注意其大小、色泽、重量、质地、弹性，有无病灶及表面附着物等。然后用剪刀将支气管剪开，注意观察支气管黏膜的色泽，表面附着物的数量、黏稠度。最后将整个肺纵横切割数刀，观察切面有无病变，切面流出物的数量、色泽变化等。

（4）心：先检查心脏纵沟、冠状沟的脂肪量和性状，有无出血，然后检查心脏的外形、大小、色泽及心外膜的性状。最后切开心脏检查心腔，方法是沿左纵沟左侧的切口切至肺动脉起始处，沿左纵沟右侧的切口切至主动脉的起始处；然后将心脏翻转过来，沿右纵口左右两侧做平行切口，切至心尖部与左侧心切口相连接；切口再通过房室口切至左心房及右心房。经过上述切线，心脏全部剖开。检查心脏时，注意检查心腔内血液的含量及性状。检查心内膜的色泽、光滑度、有无出血，各个瓣膜、腱索是否肥厚，有无血栓形成和组织增生或缺损等病变。对心肌的检查，应注意心肌各部的厚度、色泽、质地，有无出血、瘢痕、变性和坏死等。

（四）颅腔的剖开和检查

可在脏器检查后进行。清除头部的皮肤和肌肉，在两眼眶之间横劈额骨，然后再将两侧颜骨（与额骨平行）及枕骨髁劈开，即可掀掉颅顶骨，暴露颅腔。检查脑膜有无充血、出血，大脑、小脑有无水肿、出血等。必要时取材送检，进行切片检查。

（五）小猪的剖检

小猪体型较小，可自下颌沿颈部、腹部正中线至肛门切开，暴露胸腹腔，切开耻骨联合，露出骨盆腔，然后将口腔、颈部、胸腔、腹腔和骨盆腔的器官一起取出检查。

第十六章

禽的尸体剖检

一、外部检查

（一）天然孔的检查

注意口、鼻、眼等有无分泌物及其数量与性状。检查鼻窦时可用剪刀在鼻孔前将口喙的上颌横向剪断，用手压鼻部，注意有无分泌物流出。视检泄殖孔的状态，注意其内腔黏膜的变化、内容物的性状及其周围的羽毛有无粪便污染等。

（二）皮肤的检查

检查头冠、肉髯，注意头部及其他各处的皮肤有无痘疮、皮疹和结节。观察腹壁及嗉囊表面皮肤的色泽，有无尸体腐败的现象。检查鸡足时注意鳞足病及足底趾瘤。检查各关节有无肿胀，龙骨突有无变形、弯曲等现象。

二、内部检查

（一）体腔剖开

外部检查后，用消毒液将羽毛浸湿，拔掉胸腹和颈部羽毛，切开大腿与腹侧连接的皮肤，用力将两大腿向外翻压直至两髋关节脱臼，使禽体呈背卧位。由喙角沿体中线至胸骨前方剪开皮肤，并向两侧分离；再在泄殖孔前的皮肤做一横切线，由此切线两端沿腹壁两侧做至胸壁的二垂直切线，这样从横切线切口处的皮下组织开始分离，即可将腹部和胸部皮肤整片分离，此时可检查皮下组织的状态。再按上述皮肤切线的相应处剪开腹壁肌肉，两侧胸壁可用骨剪自后向前将肋骨、乌喙骨和锁骨剪断，然后握住龙骨突的后缘用力向上前方翻拉，并切断周围的软组织，即可去掉胸骨，露出体腔。

（二）体腔检查

剖开体腔后，注意检查各部位的气囊。气囊是由浆膜所构成，正常时透明菲薄，有光泽，检查时注意有无增厚、浑浊、渗出物或增生物。检查体腔内容物，正常体腔内各器官表面均湿润而有光泽，异常时可见体腔内液体增多，或有病理性渗出物以及其他病变。

（三）脏器的采出和检查

体腔内器官的采出，可先将心脏连心包一起剪离，再采出肝，然后将肌胃、腺胃、肠、胰腺、脾及生殖器一同采出。陷藏于肋间隙内及腰荐骨陷凹部的肺和肾，可用外科刀柄剥离取出。颈部器官的采出，先用剪刀将下颌骨、食道、嗉囊剪开，注意食道黏膜的变化及嗉囊内容物的分量、性状以及嗉囊内膜的变化；再剪开喉头、气管，检查其黏膜及腔内分泌物。幼龄鸡还应注意检查胸腺的大小、色泽、质地及有无出血点，之后逐一检查脏器。

（1）心脏：将心包囊剪开，注意心包腔是否积水，心包囊与心壁有无粘连。心脏的检查要注意其形态、大小、心外膜状态，有无出血点。然后将两侧心房及心室剪开，检查心内膜及观察心肌的色泽及性状。

（2）肺：注意观察其形态、色泽和质地，有无结节，切开检查有无炎症、坏死灶等变化。

（3）腺胃和肌胃：先将腺胃、肌胃一同切开，检查腺胃胃壁的厚度、内容物的性状、黏膜及状态、有无寄生虫。对肌胃的检查要注意角质内膜的色泽、厚度、有无糜烂或溃疡，剥离角质膜，检查下部有无病变及胃壁的性状。

（4）肠：先注意肠系膜及肠浆膜的状态。空肠、回肠及盲肠入口处均有淋巴集结。肠管的中段处有一卵黄盲管，初生鸡可能有一些未被吸收的卵黄存在。肠的检查应注意黏膜及其内容物的性状，以及有无充血、出血、坏死、溃疡和寄生虫等。两侧盲肠也应剪开检查，小鸡患盲肠球虫病时可见明显的病变。

（5）肝：注意观察其形态、色泽、质地、大小、表面有无坏死灶、出血点、结节等。切开检查切面组织的性状。注意胆囊的大小、颜色及内容物。

（6）脾：注意观察其形态、大小、色泽、质地，表面及切面的性状等。

（7）肾：分为三叶，境界不明显，无皮质髓质区别，检查时注意其大小、色泽、质地、表面及切面的性状等。肾有尿酸盐沉着时，可见肾肿大，有灰白色病灶。

（8）胰：分为三叶，有 2～3 条导管，分别开口于十二指肠与胆管开口部相邻。注意检查有无出血、坏死等病变。

（9）生殖器：应注意成年公鸡睾丸大小、表面及切面的状态。检查母鸡卵巢和输卵管，注意其形态、色泽。正常时卵泡呈圆球形，金黄色，有光泽。当母鸡患急性传染病时，卵泡的表面常见有充血、出血，甚至卵泡破裂。成年母鸡患鸡白痢时，卵巢的卵泡可发生变形，呈灰黄、灰白或浑红不等。检查输卵管时，注意其黏膜和内容物的性状，有无充血、出血和寄生虫。

（10）法氏囊：未成年鸡的法氏囊明显，检查时注意其大小、色泽、质地等，切开后观察黏膜的色泽、湿度，有无出血点或出血斑，有无分泌物，以及黏膜皱褶的状态等。

（四）脑的采出和检查

可先用刀剥离头部皮肤，再剪除颅顶骨，露出大脑和小脑。然后轻轻拨离，将前端的嗅脑、脑下垂体及视神经交叉等逐一剪断，即可将整个大脑和小脑采出。注意脑膜血管有无充血、出血及切面脑实质的变化。脑组织的病变主要依靠组织学检查。

参 考 文 献

［1］高英茂，李和. 组织学与胚胎学［M］. 3 版. 北京：人民卫生出版社，2016.

［2］陈杰，李甘地. 病理学［M］. 3 版. 北京：人民卫生出版社，2015.

［3］李玉林. 病理学［M］. 9 版. 北京：人民卫生出版社，2018.

［4］宣长和，马春全，林树民，等. 猪病混合感染鉴别诊断与防治彩色图谱［M］. 北京：中国农业大学出版社，2009.

［5］赵德明. 兽医病理学［M］. 3 版. 北京：中国农业大学出版社，2012.

［6］彭克美. 动物组织学及胚胎学［M］. 2 版. 北京：高等教育出版社，2016.

［7］秦礼让，毛鸿甫. 家畜系统病理解剖学［M］. 北京：农业出版社，1992.

［8］［美］William J. Bacha，Jr. Linda，M. Bacha. 兽医组织学彩色图谱［M］. 2 版. 陈耀星，译. 北京：中国农业大学出版社，2007.